KB146174

여행은

꿈꾸는 순간,

시작된다

리얼
꼼

여행 정보 기준

이 책은 2024년 7월까지 취재한 정보를 바탕으로 만들었습니다.
정확한 정보를 싣고자 노력했지만, 여행 가이드북의 특성상
책에서 소개한 정보는 현지 사정에 따라 수시로 변경될 수 있습니다.
변경된 정보는 개정판에 반영해 더욱 실용적인 가이드북을 만들겠습니다.

한빛라이프 여행팀 ask_life@hanbit.co.kr

리얼 괌

초판 발행 2019년 12월 2일
개정2판 1쇄 2024년 8월 9일

지은이 민정아 / **펴낸이** 김태헌
총괄 임규근 / **책임편집** 고현진 / **디자인** 천승훈 / **지도·일러스트** 이예연
영업 문윤식, 신희용, 조유미 / **마케팅** 신우섭, 손희정, 박수미, 송수현 / **제작** 박성우, 김정우 / **전자책** 김선아

펴낸곳 한빛라이프 / **주소** 서울시 서대문구 연희로2길 62 한빛빌딩
전화 02-336-7129 / **팩스** 02-325-6300
등록 2013년 11월 14일 제25100-2017-000059호
ISBN 979-11-93080-36-8 14980, 979-11-85933-52-8 14980(세트)

한빛라이프는 한빛미디어(주)의 실용 브랜드로 우리의 일상을 환히 비추는 책을 펴냅니다.

이 책에 대한 의견이나 오탈자 및 잘못된 내용은 출판사 홈페이지나 아래 이메일로 알려주십시오.
파본은 구매처에서 교환하실 수 있습니다. 책값은 뒤표지에 표시되어 있습니다.

한빛미디어 홈페이지 www.hanbit.co.kr / 이메일 ask_life@hanbit.co.kr
블로그 blog.naver.com/real_guide_ / 인스타그램 @real_guide_

Published by HANBIT Media, Inc. Printed in Korea
Copyright © 2024 민정아 & HANBIT Media, Inc.
이 책의 저작권은 민정아와 한빛미디어(주)에 있습니다.
저작권법에 의해 보호를 받는 저작물이므로 무단 복제 및 무단 전재를 금합니다.

지금 하지 않으면 할 수 없는 일이 있습니다.
책으로 펴내고 싶은 아이디어나 원고를 메일(writer@hanbit.co.kr)로 보내주세요.
한빛라이프는 여러분의 소중한 경험과 지식을 기다리고 있습니다.

괌을 가장 멋지게 여행하는 방법

리얼
괌

민정아 지음

IB 한빛라이프

첫사랑 같은 여행지,
괌의 매력 속으로

평생 둘이 여행하며 살자던 부부가 아이를 낳고 7개월이 지나 비행기에 올랐습니다. 배낭을 짊어지고 호스텔을 전전하던 이전 여행과 달리 렌터카와 호텔을 이용한 세 식구의 첫 해외여행, 그렇게 괌은 우리에게 잊지 못할 첫사랑 같은 여행지가 되었습니다. 그 후 11년간 세 사람은 세계 각지를 누볐습니다. 아이가 초등학교에 들어가기도 전에 네팔 히말라야에 올랐고, 열 살이 되던 해엔 유럽과 아프리카로 배낭여행을 떠났습니다. 열한 살 땐 마추픽추와 우유니 사막을 만나기도 했습니다. 하지만 여전히 괌은 우리 마음의 고향으로 남아 있습니다. 눈이 시리도록 파란 바다와 하늘을 보며 잠자리에서 일어나 먹고 싶을 때 먹고, 자고 싶을 때 자고, 수시로 바다에 들어가 스노클링을 할 수 있는 괌이 좋습니다.

책을 쓴다는 핑계로 그동안 수없이 다녀온 괌, 우리나라 거제도 크기만 한 괌에서 세 식구가 꼬박 한 달을 머무르며 모든 명소와 레스토랑 그리고 바닷속까지 샅샅이 누볐습니다. 11년 전, 7개월 된 아이를 안고 처음 여행하던 때를 떠올리며 취재했습니다. 직접 먹어보고, 체험해본 곳만을 소개했습니다. 가능한 한 객관적이고 솔직하게 정보를 전하려 노력했습니다. 길지 않은 일정으로 여행할 많은 여행자를 위해 장황하게 늘어놓지 않으려 애썼습니다. 이런 노력이 괌을 가장 멋지게 여행하고자 하는 독자에게 조금이라도 도움이 되길 바라고 또 바랍니다.

괌의 매력을 널리 알린다는 목적이 가장 컸지만 취재하며 보낸 시간은 우리에게 평생 잊지 못할 선물이 되어 그저 감사한 마음입니다. 가장 친한 친구이자 인생의 동반자 정귀영, 내 삶의 이유가 되어주는 아들 정상훈, 사랑하고 고맙습니다.

민정아 일주일을 꼬박 일하던 시절이 있었다. 회사 휴무일엔 대학에서 학생들을 가르치던 그 10여 년간 유일한 꿈은 '여행이 일상이 되는 것'이었다. 호텔경영학 박사학위를 받고, 다니던 직장을 그만둔 뒤에는 수업이 없는 날 또는 방학을 이용해 여행을 다니기 시작했다. 지금까지 50여 개국을 여행하며 오랜 꿈을 이루고 있다. 가끔은 혼자, 때로는 아들과 둘이, 주로는 세 식구가 함께 여행한다. '스크루지'라는 닉네임으로 8년째 여행을 기록 중인 블로그는 누적 방문자 수 1,200만 명을 넘어섰다.

네이버 블로그(닉네임: 스크루지) blog.naver.com/scurugi　**인스타그램** instagram.com/scurugi　**이메일** scurugi@naver.com

〈리얼 괌〉 사용법

BOOK 01
리얼 괌

BOOK 01 〈리얼 괌〉으로 알차게! 여행 준비

- 괌은 어떤 곳이지? 여행 기본 정보
- 괌 여행 언제 갈까? 여행 캘린더
- 괌에서 꼭 해야 할 것, 먹어야 할 것, 사야 할 것 총정리
- 괌, 얼마나, 어떻게 여행하면 좋을까? 추천 여행 일정
- 취향에 맞춰 만족감 UP! 테마로 즐기는 큐레이션 코스
- 괌을 가장 멋지게 여행하는 방법! 지역별로 엄선한 스폿
- 괌 숙소를 탈탈 털었다! 호텔 & 리조트 완전 정복
- 그 외에 괌 알뜰하게 여행하는 각종 꿀팁 공개

BOOK 02
스마트 MApp Book

BOOK 02 스마트 MApp Book으로 디테일하게! 실전 여행

- 많고 많은 여행 앱, 괌 여행의 최강자는?
- 똑똑하게 항공권 & 숙소 예약하기
- 여행 전에 미리 예약하자! 추천 투어 프로그램
- 스폿 검색부터 동선 짜기까지! 구글맵스 사용법
- 스마트폰으로 지도 QR 코드를 스캔하고 모바일 지도 이용하기
- 종이 지도에 직접 메모하며 여행 계획 짜기

아이콘

📷 명소　　🍴 음식점　　🍹 카페·디저트 등　　🎁 상점　　📍 주소

🚶 찾아가는 법　　$ 요금 및 가격　　🕐 운영 시간　　📞 전화번호　　🏠 홈페이지

차
례

CONTENTS

CONTENTS
차례

CONTENTS
차례

CONTENTS
차례

CONTENTS
차례

PART
01

한눈에 보는 괌

GUAM

지도로 먼저 가는 여행
한눈에 보는 괌

아름다운 자연, 합리적인 쇼핑, 다양한 액티비티를 즐길 수 있어 각광받는
대표 휴양지 괌은 인천에서 비행기로 약 4시간이면 도착한다. 가장 가까운 미국이자
서태평양 마리아나 제도의 중심으로, 한국에서 매일 직항편이 운항된다.

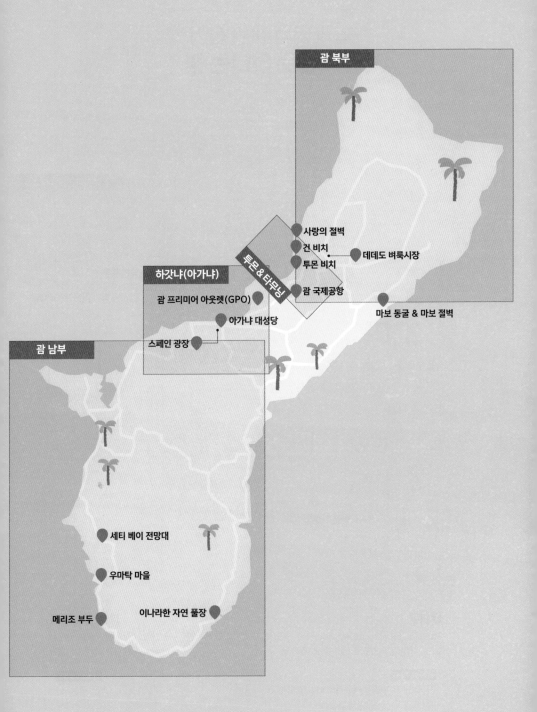

괌 북부

사랑의 절벽

건 비치

데데도 벼룩시장

투몬 비치

투몬 & 타무닝

하갓냐(아가냐)

괌 국제공항

괌 프리미어 아웃렛(GPO)

아가냐 대성당

마보 동굴 & 마보 절벽

스페인 광장

괌 남부

세티 베이 전망대

우마탁 마을

메리조 부두

이나라한 자연 풀장

쉽게 여행 개념 잡기
구역별로 만나는 괌

괌 남부

• 세티 베이 전망대

• 메리조 부두

• 우마탁 마을

• 이나라한 자연 풀장

하갓냐(아가냐)

스페인 광장 •
• 아가냐 대성당
괌 프리미어 아웃렛(GPO)

괌 남부
자연 그대로의 괌을 느낄 수 있다.
탁 트인 전망을 배경으로 드라이브를 즐기자.

must see
이나라한 자연 풀장 P.194, 세티 베이 전망대 P.188
메리조 부두 P.191, 우마탁 마을 P.189

하갓냐(아가냐)
괌의 수도. 대표 관광지 및 차모로 역사와
문화가 담긴 유적지가 많다.

must see
아가냐 대성당 P.164, 스페인 광장 P.165

"

이 책은 괌을 크게 네 구역으로 나누어 소개한다. 리조트와 맛집,
쇼핑 스폿이 밀집된 투몬 & 타무닝, 차모로 역사와 문화를 간직한 하갓냐(아가냐),
때 묻지 않은 자연 그대로의 괌을 느낄 수 있는 괌 남부와 괌 북부 순이다.

"

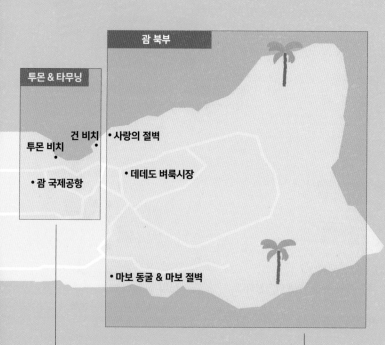

괌 북부

투몬 & 타무닝

건 비치
투몬 비치
• 괌 국제공항

• 사랑의 절벽

• 데데도 벼룩시장

• 마보 동굴 & 마보 절벽

투몬 & 타무닝
에메랄드 빛 바다가 펼쳐지고,
쇼핑몰과 맛집, 숙소가 밀집되어 있는
괌 최대 번화가. 괌을 여행하는
관광객이 대부분의 시간을 보낸다.

must see
투몬 비치 P.106, 건 비치 P.107
괌 프리미어 아웃렛(GPO) P.146

괌 북부
괌 남부보다 한층 더 때 묻지 않은
자연이 보존된 곳. 로컬 음식을 맛보고
인생사진을 남겨보자.

must see
사랑의 절벽 P.202, 데데도 벼룩시장 P.205
마보 동굴 & 마보 절벽 P.206, 207

알아두면 편리한
곰 여행 기본 정보

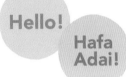

언어
영어, 차모로어

통화
미국령인 곰에서는 미국 달러(USD)를 사용한다.
1달러는 약 1,380원(2024년 7월 기준).

비자
여권 유효 기간이 6개월 이상 남아 있고,
귀국 항공권을 소지한 경우 45일 무비자 방문이 가능하다.
전자여행허가제(ESTA) 승인을 받은 경우,
관광 목적으로 90일까지 머물 수 있다.

전압
110V, 120V로 돼지코 또는
멀티어댑터를 챙기자.

전화
곰으로 국제전화를 걸 때는
1(미국 국가번호) → 671(곰 지역번호)
→ 전화번호 순으로 누르면 된다.
곰 현지 내에 도시별 지역번호는 없다.

팁 문화
계산서에 봉사료가 포함되어 있는 경우,
팁을 따로 지불할 필요가 없다. 그 외에는 일반적으로
요금의 10퍼센트를 내며, 호텔 룸 청소에 대한 감사 표시로
베개나 테이블 위에 1~2달러 정도를 올려놓는다.

여행할 때 너무 궁금해!
자주 묻는 질문 5

01 ESTA 승인 꼭 받아야 하나요?

대한민국 국민은 유효기간이 6개월 남은 전자여권을 소지하고 있으면 무비자로 45일 동안 괌에 머물 수 있다. 그렇지만 미국 전자여행허가제인 ESTA(Electronic System for Travel Authorization) 승인을 받으면 괌 입국 시 줄 서는 장소가 따로 마련되어 있어 빠르게 입국이 가능하다는 장점이 있다.

ESTA 신청 웹사이트
🏠 esta.cbp.dhs.gov 💲 수수료 $21

02 팁은 꼭 내야 할까요?

괌은 미국령이다 보니 팁 문화가 정착되어 있다. 마사지를 받은 후 또는 호텔에서 나오기 전 객실 청소를 담당해주는 룸메이드에게 약간의 팁(1~2달러)을 주는 건 기본이다. 대신 미국 본토나 하와이와 달리 레스토랑의 메뉴 가격에는 팁이 대부분 포함되어 있기 때문에 따로 챙길 필요는 없다.

04 괌에서 액티비티 투어 상품은 꼭 이용해야 하나요?

많은 여행사에서 해양 레포츠를 비롯해 정글 투어 등 다양한 액티비티 상품을 판매하고 있다. 여행사를 통해야만 이용할 수 있는 투어도 있지만 가장 추천하고 싶은 건 괌의 아름다운 바닷속을 경험할 수 있는 스노클링이다. 굳이 비싼 투어 상품을 이용할 것 없이 스노클링 장비만 있다면 해변에서 걸어 들어가 아름다운 바닷속 물고기를 얼마든지 볼 수 있으니 참고하자.

03 괌은 쇼핑 천국이라던데…

괌은 섬 전체가 면세 지역이라 택스 리펀드(Tax Refund) 절차를 거칠 필요도 없다. 명품 브랜드부터 중저가 미국 브랜드 의류 및 화장품을 저렴하게 쇼핑하기 좋다. 다만 우리나라 입국 시 면세한도 600달러를 초과하면 세금이 부과되니 무리한 쇼핑은 삼가도록 하자.

05 리티디안 비치(Ritidian Beach)를 꼭 가야 하나요?

괌에서 가장 아름답기로 유명한 리티디안 비치는 북쪽 끝자락 야생동물 보호 구역에 위치해 가는 길이 호락호락하지 않다. 파도가 높은 날에는 입장이 금지되어 출발 전에 반드시 입장 가능 여부를 확인해야 하며 인적이 드물어 도난 사고도 잦은 곳이다. 그럼에도 꼭 가야 하느냐고 묻는다면 대답은 NO! 리티디안 비치가 아름다운 건 사실이지만 괌의 바다는 어디든 아름답다. 아주 여유로운 일정이라 리티디안 비치에서 스노클링을 할 게 아니라면 굳이 왕복 두 시간을 들여서까지 무리한 일정으로 가지는 않아도 된다.

흥미로운 괌 정보
키워드로 보는 괌

GUAM

JEJU

면적 544㎢
마리아나 제도 중 가장 큰 섬.
남북으로 길쭉한 형태이며
우리나라 제주도의
3분의 1 정도 크기다.

시차 +1
한국보다 1시간 빠르다.
한국이 오전 9시일 때 괌은 오전 10시다.

비행거리 4시간
서태평양에 위치한
괌은 4시간 만에 만날 수 있는
가장 가까운 미국이다.

평균 기온 28℃

연평균 기온 28도로 6~11월은
우기, 12~5월은 건기에 속하나
연중 온화해 여행하기 좋다.

한국인 관광객 수 37만 명

한국은 괌 최대 관광국으로 일본을 제치고
관광객 수 1위에 올랐다(2017년 4월 이후).
2023년에는 한국 관광객 37만 명이 괌을 찾았다.

종교

스페인의 지배를 오래 받아
인구의 75퍼센트가 가톨릭 신자다.

미국 자치령

1950년 미 연방 하원에서
제정한 괌 기본법에 따라
입법, 사법, 행정의 괌
자치정부를 구성했다.

컬러풀 괌

괌 관광청의 위 아 괌(We are Guam) 캠페인
일환으로 지역 문화를
벽화로 그리는
프로젝트가
2009년부터 진행
중이다. 덕분에 괌은
온통 컬러풀!

천국 같은 휴양지
괌 매력 포인트 5

4시간이면 만날 수 있는 아름다운 바다

길이 48킬로미터, 폭 6~14킬로미터의
남북으로 길게 뻗은 섬 어디서든
아름다운 에메랄드 빛 바다를 볼 수 있다.

02

쇼핑 천국

섬 전체가 면세 지역이다.
택스 리펀드(Tax Refund) 절차를 거칠 필요도
없다. 고급 명품 브랜드부터 합리적인
미국 브랜드까지 저렴하게 쇼핑하기 좋다.
4시간 만에 갈 수 있는 미국령 괌은
쇼핑을 좋아하는 이들에게 그야말로
천국이다.

▶▶ 이럴 땐 여기서! 쇼핑몰 한눈에 둘러보기 P.090

03
자연이 선사하는 힐링

괌은 야생동물 보호 구역으로 지정되어
아직 개발되지 않은 구역이 많다.
새하얀 모래와 물고기가
훤히 비칠 정도로 깨끗한 태평양 바다는
보는 것만으로도 저절로 힐링이 된다.

04
오감만족 액티비티

바다에서 즐기는 스노클링, 스쿠버다이빙,
돌핀 크루즈 등 각종 해양 액티비티,
하늘에서 즐기는 스카이다이빙, 경비행기 조종,
그리고 때 묻지 않은 자연 그대로의 정글 투어를
비롯해 다양한 액티비티를 경험할 수 있다.

▶▶ 괌에서 즐기는 액티비티 베스트 10 P.060

05
각양각색 음식

스페인, 일본, 미국 등의 지배를 받은 까닭에
다양한 음식 문화가 발달했다.
차모로 원주민이 즐겨 먹던 차모로
전통 음식까지 맛볼 수 있다.

▶▶ 괌이 자랑하는 전통 음식 차모로 로컬 푸드 P.081

이곳만은 반드시!
괌 필수 여행지 7

괌을 알차게 여행하고 싶다면 더는 고민하지 말자.
놓치면 후회할 필수 스폿 일곱 곳을 꼽았다.

알차게 여행하고 싶다면?
괌에서 꼭 해야 할 것 7

괌을 알차게 여행하고 싶다면 더는 고민하지 말자.
이것만 해도 후회 없을 일곱 가지를 꼽았다.

1

2

3

여행이 맛있다!
괌 음식 베스트 5

수제 버거

패스트푸드 햄버거와는 차원이 다른 미
국식 수제 버거를 저렴하게 먹을 수 있다.
100퍼센트 소고기를 이용해 만든 육즙 가
득한 버거는 한 끼 식사로 든든하다.

추천 식당 햄브로스 P.113, 모사스 조인트 P.172,
스택스 스매쉬 버거 P.173

스테이크

두툼하고 육즙 가득한 미국식 스테이크는
한국보다 저렴하고 맛이 훌륭하다.

추천 식당 알프레도 스테이크하우스 P.116, 론
스타 스테이크하우스 P.125

BEST 3

해산물 샐러드와 스시

신선한 회가 듬뿍 들어간 해산물 샐러드와 일본
정통 스시를 합리적인 가격으로 맛볼 수 있다.

추천 식당 도라쿠 P.120

BEST 4

데판야끼

커다란 철판에 구워주는 데판야끼는 맛도 맛이지
만 보는 즐거움도 크다. 런치를 이용하면 디너보
다 저렴한 가격으로 세트 메뉴를 맛볼 수 있다.

추천 식당 조이너스 레스토랑 케야키 P.132

BEST 5

차모로 바비큐

한국인 입맛에 잘 맞는 음식으로 레스토랑에서든
야시장에서든 실패할 일 없다.

추천 식당 프로아 P.124, 차모로 빌리지 야시장 P.166

여행의 즐거움
괌 쇼핑 베스트 6

01 빌리지 오브 돈키
Village of Donki

2024년 4월 25일 그랜드 오픈한 빌리지 오브 돈키는 미국령 내에 오픈한 첫 번째 'Don Don Donki(돈키호테)'이자 국내, 외 점포 중에서도 가장 큰 규모를 자랑한다. 쇼핑몰 '빌리지 오브 돈키'에는 잡화점 돈키호테를 비롯해 스시 레스토랑인 와카 사쿠라, 붕스카페, 마우이 타코스, 명랑핫도그 등의 다양한 식음료 매장이 입점되어 있고 다이소와 드럭스토어 마츠모토 기요시 매장도 입점되어 있어 원스톱으로 쇼핑 및 식사가 가능하다. P.098

추천 아이템

TM paing Guam Limited 티셔츠, 일본 캐릭터와 괌의 콜라보 인형, I ♥ Guam 관련 기념품, 일본 의약품, 일본 & 한국 식료품

02 괌 프리미어 아웃렛(GPO)
Guam Premier Outlets

합리적인 쇼핑을 즐기고 싶은 이들에게 제격이다. 명품 브랜드는 입점하지 않았지만 한국인들에게 인기 있는 30여 개의 중저가 미국 브랜드 매장과 창고형 매장인 로스가 있다. 원래도 저렴한 가격이지만 브랜드별 할인, 타임 세일, 할인쿠폰 등 추가 혜택도 많으니 꼼꼼히 챙기자. P.146

추천 매장

타미힐피거 Tommy Hilfiger, 캘빈클라인 Calvin Klein, 로스 Ross

03 T갤러리아
T Galleria by DFS

명품부터 화장품, 초콜릿, 비타민, 기념품까지 한자리에서 쇼핑할 수 있는 투몬 중심가의 대표적인 쇼핑몰이다. 접근성이 좋고 무료 택시 서비스, 딜리버리 서비스 등 다양한 고객 편의 서비스가 독보적이다. P.148

추천 매장
• 맥, 바비브라운 등 미국 화장품 브랜드
• 구찌, 에르메스, 루이비통, 생 로랑 등 명품 브랜드

05 마이크로네시아 몰
Micronesia Mall

괌 최대 규모의 쇼핑몰로 120여 개의 브랜드가 입점해 있다. 미국 유명 백화점인 메이시스(Macy's)와 대형 마트인 페이레스 슈퍼마켓(Pay-Less Supermarkets), 창고형 매장인 로스, 푸드코트와 영화관까지 갖춘 복합 쇼핑몰이다. 랄프로렌, 카터스(Carter's), 갭(Gap) 등의 미국 중저가 브랜드를 저렴한 가격으로 구입하기 좋다. P.210

추천 매장
로스 Ross, 랄프로렌 Ralph Lauren, 고디바 Godiva
비타민월드 Vitamin World

04 K마트
Kmart

선물용으로 좋은 괌 맥주, 초콜릿, 말린 열대과일 칩 등을 대량 구매할 수 있는 창고형 매장이다. 물놀이 용품, 모래놀이 용품, 자외선 지수가 높은 선크림은 한국에서 준비해 가기보다 K마트에서 구입하는 것을 추천한다. 24시간 운영하기 때문에 늦은 저녁 시간을 활용하기 좋다. P.150

추천 아이템
센트룸, 선크림, 초콜릿, 과일 칩, 마카다미아 너트, 유아용품

06 ABC스토어
ABC Stores

여행 중 필요한 선크림, 물놀이 용품, 간단한 먹을거리나 맥주와 와인까지 판매한다. 괌에서 총 여덟 개 매장이 운영되고 있어 어디서든 쉽게 찾아갈 수 있다는 점이 최대 장점이다. 단, 가격은 K마트에 비해 다소 비싼 편이니 대량 구입은 K마트를 이용하고, ABC스토어에서는 다른 곳에서 판매하지 않는 톡톡 튀는 기념품을 구입하면 좋다. P.152

추천 아이템
괌을 기념할 수 있는 냉장고 자석, 아동용 캐릭터 마스크, 타바스코 초콜릿

괌에 왔으면 이건 사야지!
추천 쇼핑 아이템 10

01
타미힐피거 Tommy Hilfiger

미국에서는 저렴한데 우리나라에서 유독 비싼 의류 브랜드인 타미힐피거는 괌에서 그냥 지나칠 수 없는 쇼핑 아이템이다. 남녀노소 누가 입어도 무난한 디자인이기 때문에 사이즈만 맞다면 선물용으로도 제격.

················ **TIP** ················
인터넷에서 쉽게 찾을 수 있는 할인쿠폰을 이용하면 더 저렴하게 구입할 수 있다.

02
와인

괌은 판매하는 종류가 많은 편도 아니고, 가격도 저렴하지 않아 와인 쇼핑하기에 그리 좋은 편이 아니다. 하지만 미국 와인은 예외. 캔달 잭슨(Kendall Jackson), 로버트 몬다비(Robert Mondavi)의 우드브릿지(Woodbridge), 디코이 소노마 카운티(Decoy Sonoma County) 등 미국 와인을 추천한다. 다만 주류 면세한도가 1인당 한 병까지임을 기억하자. ABC스토어 보다는 빌리지 오브 돈키, 코스트유레스, 페이레스 등에서 구입하는게 좋다.

▶▶ 괌에서 만나는 미국 와인 P.086

03
센트룸 Centrum

세계적으로 유명한 종합 영양제. 국내보다 가격도 저렴하지만 연령별, 성별, 기능별로 다양하게 구비되어 있어 선물용으로 좋다.

04
구찌 Gucci

루이비통, 샤넬, 디올, 버버리 등 다양한 명품 브랜드를 쇼핑할 수 있지만, 특히 구찌에 집중해보자. 구찌는 '괌 특산품'이라 불릴 정도로 저렴한 가격과 다양한 디자인을 자랑하고 있다.

05
화장품

에스티로더, 맥, 바비브라운 등이 특히 저렴한 편. 괌에서 가장 많은 화장품을 구비하고 있는 곳은 T갤러리아다. P.140

················ **TIP** ················
할인쿠폰을 이용하면 좀 더 저렴하게 구입할 수 있다.

> 미국령인 데다가 섬 전체가 면세 지역인 괌에서
> 안 사면 손해인 대표 아이템을 모아봤다.

06 초콜릿

큼직한 마카다미아 등 너츠가 들어간 괌 마카다미아 초콜릿, 마우나로아(Mauna Loa) 초콜릿, 세계적으로 유명한 고디바 초콜릿 등은 누구에게나 무난한 선물 아이템이다.

07 코나커피 Kona Coffee

하와이 코나섬에서 재배하여 신맛이 적당하게 나며 꽃향과 과일향이 은은하게 풍기는 것이 특징인 코나커피를 괌에서도 손쉽게 구입할 수 있다. K마트에 다양한 종류가 구비되어 있다. P.150

08 쌤소나이트 Samsonite 캐리어

우리나라보다 저렴하다는 이유로 이것저것 담다 보면 한국에서 가져간 캐리어 공간이 부족하기 마련이다. 이럴 때는 창고형 매장인 로스(Ross)에서 저렴한 가격으로 쌤소나이트 캐리어를 구매하는 것도 방법. P.147

09 예티 텀블러

우리나라에 정식으로 수입되지 않은 브랜드인 예티 텀블러는 괌에서 구입하면 좋은 쇼핑 아이템이다. JP스토어 및 호텔 기념품점, 구디스(Goody's)에서 쉽게 찾아볼 수 있다.

·········· **TIP** ··········
구디스(Goody's)는 색상과 디자인이 한정적이지만 가장 저렴하게 구입할 수 있다.

10 아기 옷

괌은 대체로 쇼핑하기 좋은 곳이지만 그중에서도 아기 옷 쇼핑하기에 좋다. 특히 돌이 안 지난 아기 옷은 아주 저렴하게 구입할 수 있으니 태교 여행 중이라면 개월 수별로 사 와도 좋을 듯.

·········· **TIP** ··········
창고형 매장인 로스(Ross)에서 가장 저렴하게 구입할 수 있다.

01 차모로 민족 Chamorro

검은 머리와 검은 눈동자, 구릿빛 피부를 가진 차모로인은 기원전 2000년 동남아시아에서 이주한 것으로 알려져 있다. 16세기 스페인의 침략 이후 수많은 차모로인이 목숨을 잃었으나 현재까지도 괌 인구 3분의 1을 차지할 정도로 많다. 다양한 인종과 섞이면서 현재는 순수 차모로 혈통을 거의 찾아볼 수 없지만 언어, 신앙, 예술 등 전통문화를 이어오고 있다. 현재 차모로 원주민은 코코야자, 카카오, 사탕수수, 옥수수 등 열대성 과실을 재배하고 있다.

02 페르디난드 마젤란 Ferdinand Magellan

1521년 3월 스페인 국왕의 명령을 받아 서태평양을 항해하던 마젤란이 괌에 첫발을 내디디며 괌은 세상에 알려지기 시작했다.

03 스페인 통치

괌은 마젤란이 발을 들인 이후 1536년부터 333년간 스페인의 지배를 받았다. 지금도 괌 곳곳에서 스페인 식민 지배의 흔적을 볼 수 있다.

04 미국령

오랫동안 괌을 지배해온 스페인이 미국과의 전쟁에서 패하자 1898년 파리조약에 따라 미국이 괌을 통치하게 되었다. 그리하여 미국은 태평양의 패권국이 되었다. 제2차 세계대전 중에는 1941년 일본군이 괌을 점령하기도 했지만 1944년 미군이 재탈환했다. 괌은 1950년 미국의 자치령이 되어 오늘날에 이르고 있다.

연대표
4000년 전 마리아나 제도
1536년 스페인 통치 시작
1898년 미국-스페인 전쟁, 이후 미국 해군 주둔
1941년 진주만 공격, 이후 3년간 일본군 점령
1944년 미국령으로 반환
1950년 미국의 자치령이 됨
현재

최적의 여행 시기는?
괌 여행 캘린더

괌 월별 기온과 강수량

최고 기온(℃)　최저 기온(℃)　강수일

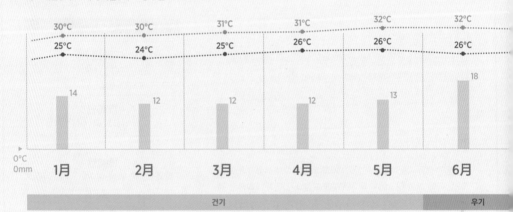

	1月	2月	3月	4月	5月	6月
최고 기온	30℃	30℃	31℃	31℃	32℃	32℃
최저 기온	25℃	24℃	25℃	26℃	26℃	26℃
강수일	14	12	12	12	13	18

0℃
0mm

건기　　　　　　　　　　　　　　　　　　　우기

■ **12~5월: 건기** 여행 최적기!　　　■ **6~11월: 우기** 하루 2~4회 스콜성 소나기가 내리지만 금세 그친다

괌 연중 공휴일

1월	2월	3월	4월	5월
1일 새해 **셋째 주 월요일** 마틴 루터 킹 목사의 날	**셋째 주 월요일** 대통령의 날	**셋째 주 월요일** 괌 발견의 날	**부활절 전날** 성 금요일 **부활절** 매년 변동	**마지막 주 월요일** 괌 현충일

> 괌은 연중 따뜻하며, 일교차도 크지 않아 옷차림에 크게 신경 쓸 일은 없다.
> 우기(6~11월)와 건기(12~5월)로 나뉘나 점차 구분이 무의미해지고 있다.
> 다만 여행 계획을 세울 땐 월별 기온과 강수량을 고려하자.
> 비가 자주 내리므로 우산과 비옷을 준비하고 날씨를 자주 살피는 것이 좋다.

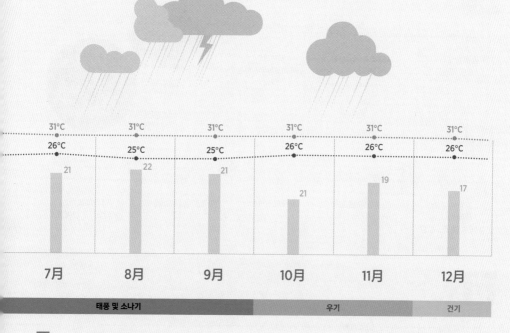

	7月	8月	9月	10月	11月	12月
최고	31°C	31°C	31°C	31°C	31°C	31°C
최저	26°C	25°C	25°C	26°C	26°C	26°C
강수	21	22	21	21	19	17

태풍 및 소나기	우기	건기

■ 7~9월: 태풍이 빈번하게 오는 시기이니 참고!

7월	9월	10월	11월	12월
4일 미국 독립기념일 **21일** 괌 광복절	**첫째 주 월요일** 노동절	**둘째 주 월요일** 콜럼버스 기념일	**11일** 재향군인의 날 **넷째 주 목요일** 추수감사절	**8일** 카마린 성모 대축일 **25일** 크리스마스 **31일** 새해 전날

COURSE 01

괌 여행 핵심만 쏙쏙!

베이직 3박 4일 코스

★ 인천에서 오전에 출발하는 항공편 이용, 투몬에 위치한 호텔 이용, 렌터카 이용 기준

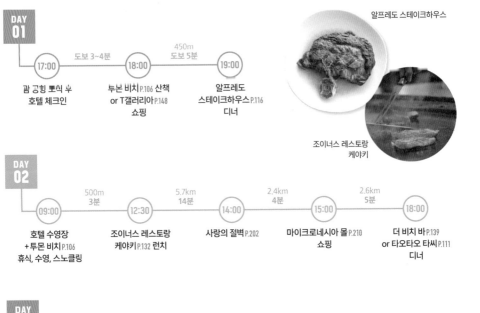

DAY 01

```
17:00 ──도보 3~4분── 18:00 ──450m/도보 5분── 19:00
```

17:00 괌 공항 도착 후 호텔 체크인

18:00 투몬 비치 P.106 산책 or T갤러리아 P.148 쇼핑

19:00 알프레도 스테이크하우스 P.116 디너

알프레도 스테이크하우스

조이너스 레스토랑 케야키

DAY 02

```
09:00 ──500m/3분── 12:30 ──5.7km/14분── 14:00 ──2.4km/4분── 15:00 ──2.6km/5분── 18:00
```

09:00 호텔 수영장 +투몬 비치 P.106 휴식, 수영, 스노클링

12:30 조이너스 레스토랑 케야키 P.132 런치

14:00 사랑의 절벽 P.202

15:00 마이크로네시아 몰 P.210 쇼핑

18:00 더 비치 바 P.139 or 타오타오 타씨 P.111 디너

DAY 03

```
09:00 ──7.2km/11분── 09:30 ──1.6km/4분── 10:30 ──2.8km/5분── 11:00 ──2.9km/3분── 11:30 ──6.4km/5분──
```

09:00 괌 남부로 출발

09:30 투레 카페 P.175 브런치

10:30 아가냐 대성당 P.164 +스페인 광장 P.165

11:00 리카르도 J. 보르달로 괌 정부청사 +아델럽 곶 P.171

11:30 피쉬아이 마린파크 해중전망대 P.184

DAY 04

```
11:00 ──4.6km/8분── 11:30 ──350m/1분── 13:00
```

11:00 호텔 휴식 후 체크아웃

11:30 괌 프리미어 아웃렛 (GPO) P.146 쇼핑

13:00 론스타 스테이크하우스 P.125 런치

K마트

3박 4일간 투몬, 하갓냐(아가냐),
곰 남부 및 북부의 핵심 코스를 둘러보는
가장 기본적이면서도 알찬 일정이다.

투몬 비치

···················· TIP ····················

비 오는 날엔 이렇게

곰의 날씨는 대체로 맑은 편이며 비가 오더라도 하루 종일 내리는
경우는 매우 드물기 때문에 크게 걱정할 필요는 없다. 스콜성 비
가 내릴 땐 실내 활동이나 쇼핑으로 대체해 비를 피하자.

비가 와서 바다에 가기 어렵다면?

❶ **언더워터 월드** P.109 : 곰의 아름다운 바다를 그대로 옮겨놓은
듯한 아쿠아리움. 100미터 길이의 수중 터널에 들어서면 머리
위 좌우 180도로 펼쳐지는 물속의 가오리, 거북이, 상어를 비
롯한 다양한 수중생물을 만날 수 있다.

❷ **피쉬아이 마린파크 해중전망대** P.184 : 피쉬아이 마린파크의
나무다리를 건너 10미터 아래 지하로 내려가면, 24개 창 너머
로 곰의 5대 해양 보호 구역의 하나인 피티 베이의 아름다운
피티 밤 홀(Piti Bomb-Hole)을 볼 수 있다.

갑자기 비가 오면 쇼핑몰로 가자!

백화점과 대형 슈퍼마켓, 푸트코트와 영화관까지 갖춘 복합 쇼핑
몰 마이크로네시아 몰 P.210 등에서 쇼핑도 하고 식사도 하며 스콜
성 비를 피하자.

아가냐 대성당

사랑의 절벽

메리조 부두

12:30	12.9km 14분	14:00	5.1km 6분	14:30	1.1km 2분	15:00	3.4km 5분	15:30
마리나 그릴 P.196		세티 베이 전망대 P.188		우마탁 마을 P.189		솔레다드 요새 P.190		메리조 부두 P.191 +메리조 마을 P.192

12.2km 16분

20:00	1.4km 4분	18:30	5.4km 8분	17:30	30km 33분	16:00
K마트 P.150 쇼핑		빌리지 오브 돈키 P.098		칼리엔테 P.173 디너 (수요일엔 차모로 빌리지 야시장 P.166)		이나라한 자연 풀장 P.194

COURSE 02

괌 여행의 정석!
클래식 4박 5일 코스

★ 인천에서 오전에 출발하는 항공편 이용, 투몬에 위치한 호텔 이용, 렌터카 이용 기준

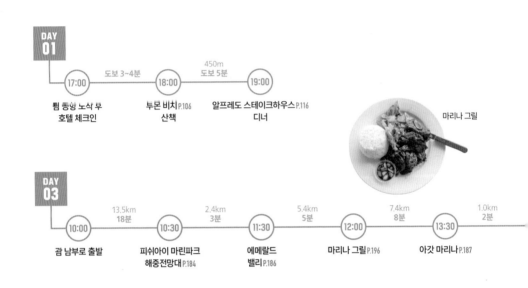

DAY 01

17:00 — 도보 3~4분 → 18:00 — 450m 도보 5분 → 19:00

- 17:00 | 찜 통잉 노삭 루 호텔 체크인
- 18:00 | 투몬 비치 P.106 산책
- 19:00 | 알프레도 스테이크하우스 P.116 디너

마리나 그릴

DAY 03

10:00 — 13.5km 18분 → 10:30 — 2.4km 3분 → 11:30 — 5.4km 5분 → 12:00 — 7.4km 8분 → 13:30 — 1.0km 2분 →

- 10:00 | 괌 남부로 출발
- 10:30 | 피쉬아이 마린파크 해중전망대 P.184
- 11:30 | 에메랄드 밸리 P.186
- 12:00 | 마리나 그릴 P.196
- 13:30 | 아갓 마리나 P.187

DAY 04

09:00 — 450m 2분 → 12:30 — 450m 2분 → 13:30 — 5.1km 9분 → 16:00 — 500m 1분 → 17:00

- 09:00 | 호텔 수영장 +투몬 비치 P.106 휴식, 수영, 스노클링
- 12:30 | 햄브로스 P.133 런치
- 13:30 | T갤러리아 P.148 쇼핑
- 16:00 | GPO P.146 쇼핑
- 17:00 | 론스타 스테이크하우스 P.125 or 칼리엔테 P.173 런치

DAY 05

09:30 — 1.0km 2분 → 10:30 — 700m 3분 → 11:00 — 450m 3분 → 12:00 — 3.0km 4분 → 12:30 — 1.4km 3분 →

- 09:30 | 투레 카페 P.175 브런치
- 10:30 | 파세오 드 수사나 공원 P.168
- 11:00 | 시레나 공원 P.169
- 12:00 | 라테스톤 공원 P.170
- 12:30 | 리카르도 J. 보르달로 괌 정부청사 +아델럽 곶 P.171

4박 5일간 투몬, 하갓냐(아가냐), 괌 남부 및 북부를
구석구석 둘러보는 가장 전통적이고 알찬 코스.
괌을 찾는 대부분의 여행자들이 선호하는 일정으로
괌 여행이 처음일 때 추천한다.

리티디안 비치

비치인 쉬림프

DAY 02

| 09:00 | 23.8km 40분 | 10:00 | 19.2km 27분 | 13:00 | 2.6km 4분 | 17:00 | 4.7km 8분 | 18:00 |

괌 북부로 출발   리티디안 비치 P.204   마이크로네시아 몰 P.210   사랑의   더 비치 바 P.139 or
    휴식, 스노클링   쇼핑 + 비치인 쉬림프 P.125   절벽 P.202   or 타오타오 타씨 P.111
       런치   디너

| 13:50 | 4.7km 5분 | 14:10 | 5.1km 6분 | 14:40 | 1.1km 2분 | 15:00 | 3.4km 5분 | 15:30 |

탈리팍 다리 P.187   세티 베이   우마탁   솔레다드   메리조 부두 P.191
    전망대 P.188   마을 P.189   요새 P.190   + 메리조 마을 P.192

12.2km 16분

| 19:30 | 1.4km 4분 | 19:30 | 5.4km 8분 | 18:00 | 29.8km 33분 | 16:30 |

모사스 조인트   K마트 P.150   빌리지 오브 돈키 P.098   칼리엔테 P.173 디너   이나라한
    쇼핑   (수요일엔 차모로   자연 풀장 P.194
       빌리지 야시장 P.166)

| 13:00 |

모사스 조인트 P.172
런치

에메랄드 밸리   세티 베이 전망대

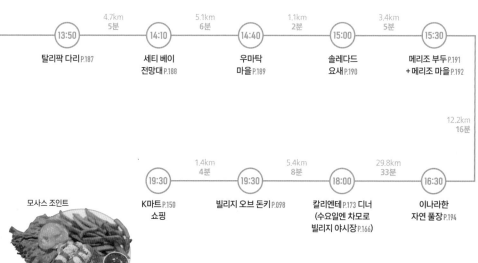

COURSE 03

아이와 함께하는
가족여행 4박 5일 코스

★ 인천에서 오전에 출발하는 항공편 이용, 투몬에 위치한 호텔 이용, 렌터카 이용 기준

DAY 01

17:00 — 도보 3~4분 — 18:00 — 200m 도보 2분 — 19:00

- 17:00 간 공항 도착 후 호텔 체크인
- 18:00 누본 비치 P.106 산책 or T갤러리아 P.148 쇼핑
- 19:00 알 덴테 P.114 디너

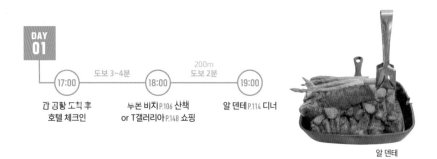

알 덴테

DAY 03

09:00 — 5.9km 10분 — 12:00 — 6.4km 5분 — 12:30 — 12.9km 14분 — 13:30 — 5.1km 6분 — 14:00 — 1.1km 2분

- 09:00 돌핀 크루즈 P.060 등 액티비티
- 12:00 피쉬아이 마린파크 해중전망대 P.184
- 12:30 마리나 그릴 P.196
- 13:30 세티 베이 전망대 P.188
- 14:00 우마탁 마을 P.189

DAY 04

10:00 — 1.3km 4분 — 12:30 — 4.8km 9분 — 15:00 — 5.0km 9분 — 18:00

- 10:00 호텔 수영장 or 경비행기 조종 P.063
- 12:30 하드록 카페 P.126 런치
- 15:00 GPO P.146 쇼핑
- 18:00 언더워터 월드 P.109 +투몬 시역 호텔 뷔페

호텔 뷔페

솔레다드 요새

스페인 광장

아이와 함께하는 가족여행에서는
아이와 부모 모두 만족할 수 있는
적절한 일정 배분이 필요하다.
너무 바쁜 일정보다는 아이의 컨디션에 따라
일정을 조절할 수 있도록 계획하는 게 좋다.

더 비치 바

투몬 비치

DAY 02

09:00	500m 3분	12:30	5.7km 14분	14:00	2.4km 4분	15:00	2.6km 5분	18:00

호텔 수영장
+투몬 비치 P.106
휴식, 수영, 스노클링

조이너스 레스토랑
케야키 P.132 런치

사랑의 절벽 P.202

마이크로네시아 몰 P.210
쇼핑

더 비치 바 P.139
or 타오타오 타씨 P.111
디너

14:30	3.4km 5분	15:00	12.2km 16분	15:30	33.6km 40분	18:00	2.9km 7분	19:00	1.4km 4분	20:00

솔레다드
요새 P.190

메리조 부두 P.191
+메리조 마을 P.192

이나라한
자연 풀장 P.194

파이올로지
피자리아 P.138 디너

K마트 P.150 쇼핑

빌리지 오브 돈키 P.098
쇼핑

DAY 05

09:00	8.7km 14분	11:20	500m 3분	12:00	3.0km 4분	12:30	1.4km 3분	13:00

호텔 휴식

아가냐 대성당 P.164
+스페인 광장 P.165

라테스톤 공원 P.170

리카르도 J. 보르달로
괌 정부청사
+아델럽 곶 P.171

모사스 조인트 P.172
런치

이나라한 자연 풀장

하드록 카페

COURSE 04

비행깃값 버는
쇼퍼홀릭 3박 4일 코스

★ 인천에서 오전에 출발하는 항공편 이용, 투몬에 위치한 호텔 이용, 렌터카 이용 기준

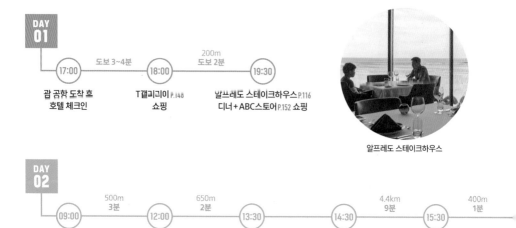

DAY 01

17:00	도보 3~4분	18:00	200m 도보 2분	19:30
괌 공항 도착 후 호텔 체크인		T갤러리아 P.148 쇼핑		알프레도 스테이크하우스 P.116 디너 + ABC스토어 P.152 쇼핑

알프레도 스테이크하우스

DAY 02

09:00	500m 3분	12:00	650m 2분	13:30		14:30	4.4km 9분	15:30	400m 1분
호텔 수영장 +투몬 비치 P.106 휴식, 수영, 스노클링		더 플라자 P.155 쇼핑		조이너스 레스토랑 케야키 P.132 런치		투몬 샌즈 플라자 P.156 쇼핑		GPO P.146 쇼핑	

DAY 03

09:00	7.2km 11분	09:30	1.9km 3분	10:30	650m 3분	11:00	2.8km 5분	11:30	2.9km 3분
괌 남부로 출발		투레 카페 P.175 브런치		아가냐 쇼핑센터 P.178		아가냐 대성당 P.164 +스페인 광장 P.165		리카르도 J. 보르달로 괌 정부청사 +아뎁럽 곶 P.171	

비치인 쉬림프

DAY 04

10:00	5.9km 18분	10:20	2.4km 4분	11:30		13:00
호텔 휴식 후 체크아웃		사랑의 절벽 P.202		마이크로네시아 몰 P.210 쇼핑		비치인 쉬림프 P.125 런치

괌은 섬 전체가 면세 지역이라 쇼핑을 좋아하는
사람들에게 천국 같은 곳이다. 관광과 휴양보다 쇼핑을
좋아하는 쇼퍼홀릭에게 추천하는 일정이다.

갤러리아

JP슈퍼스토어

아가냐 쇼핑센터

피쉬아이 마린파크

론스타 스테이크하우스

17:30 — 350m 1분 → 18:30 — 5.5km 11분 → 20:30

코스트유레스 P.157
쇼핑

**론스타
스테이크하우스** P.125
or **칼리엔테** P.173 디너

JP슈퍼스토어 P.154
쇼핑

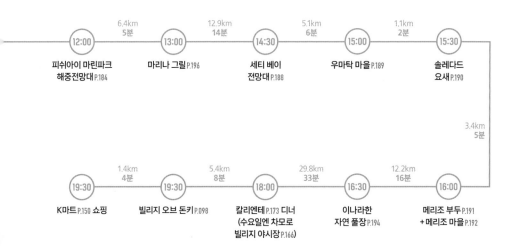

12:00 — 6.4km 5분 → 13:00 — 12.9km 14분 → 14:30 — 5.1km 6분 → 15:00 — 1.1km 2분 → 15:30

**피쉬아이 마린파크
해중전망대** P.184

마리나 그릴 P.196

**세티 베이
전망대** P.188

우마탁 마을 P.189

**솔레다드
요새** P.190

3.4km 5분

19:30 ← 1.4km 4분 — 19:30 ← 5.4km 8분 — 18:00 ← 29.8km 33분 — 16:30 ← 12.2km 16분 — 16:00

K마트 P.150 쇼핑

빌리지 오브 돈키 P.098

칼리엔테 P.173 디너
(수요일엔 차모로
빌리지 야시장 P.166)

**이나라한
자연 풀장** P.194

메리조 부두 P.191
+메리조 마을 P.192

COURSE 05

에너제틱 오감만족
액티비티 4박 5일 코스

★ 인천에서 오전에 출발하는 항공편 이용, 투몬에 위치한 호텔 이용, 렌터카 이용 기준

DAY 01

17:00 — 도보 3~4분 → 18:00 — 200m 도보 2분 → 19:00
괌 숑양 노삭 후
호텔 체크인 · 투몬 비치 P.106 산책 or T갤러리아 P.148 쇼핑 · 투몬 지역 호텔 뷔페

DAY 02

10:00 — 300m 2분 →
이파오 비치 파크 P.108
스노클링 or
경비행기 조종 P.063

DAY 03

09:00 — 23.9km 44분 → 10:00 — 22.8km 37분 → 13:30 — 500m 5분 → 15:00 — 500m 5분 → 18:00
괌 북부로 출발 · 정글 투어 P.063 시작 · 햄브로스 P.113 런치 · 호텔 수영장 +투몬 비치 P.106 · 샌드캐슬 카레라 P.110 +아네모스 P.127 디너

DAY 05

09:00 — 8.7km 14분 → 11:20 — 500m 3분 → 12:00 — 3.0km 4분 → 12:30 — 1.4km 3분 → 13:00
호텔 휴식 · 아가냐 대성당 P.164 +스페인 광장 P.165 · 라테스톤 공원 P.170 · 리카르도 J. 보르달로 괌 정부청사 +아델럽 곶 P.171 · 모사스 조인트 P.172 런치

투몬 비치　　　　　　경비행기 조종　돌핀 크루즈

바다는 보는 게 아니라 뛰어들어야
하는 곳이라 생각하는 당신!
한시도 가만있지 못하고
움직이고 싶은 여행자에게 추천하는 코스.

스노클링

| 12:00 | 2.4km 5분 | 13:30 | 3.9km 9분 | 16:00 | 2.6km 4분 | 18:00 | 4.7km 8분 | 19:00 |

프로아 P.124 런치 / 호텔 휴식 +수영장 이용 / 마이크로네시아 몰 P.210 쇼핑 / 사랑의 절벽 P.202 / 더 비치 바 P.139 디너

DAY 04

| 09:00 | 4km 8분 | 12:30 | | 14:00 | 2.7km 5분 | 15:30 | 1.4km 3분 | 17:00 |

알루팡 비치에서 돌핀 크루즈, 패러세일링, 제트스키 등 해양 액티비티 P.061 / 로이스 레스토랑 P.117 런치 / 힐튼 괌 리조트 & 스파 P.254 아유아람 / GPO P.146 + 코스트유레스 P.157 쇼핑 / 빌리지 오브 돈키 P.098 쇼핑

1.4km 3분

더 비치 바

| 19:00 | 3.5km 9분 | 18:00 |

츠바키타워 카사 오세아노 P.130 디너 / K마트 P.150 쇼핑

패러세일링

제트스키

COURSE
06

렌터카가 없어도 좋다
뚜벅이 4박 5일 코스

★ 투몬에 위치한 호텔 이용 기준

DAY 01

17:00 — 도보 3~4분 — 18:00 — 200m 도보 2분 — 19:00

| 괌 공항 도착 후
호텔 체크인 | 투몬 비시 P.106 산책
or T갤러리아 P.148 쇼핑 | 알프레도
스테이크하우스 P.116 디너 |

알프레도
스테이크하우스

DAY 03

09:00 — 500m 도보 6분 — 12:30 — 4.9km, 20분 레드 구아한 셔틀버스 이용 — 14:00 — 5.8km, 20분 레드 구아한 셔틀버스 이용 — 16:30 — 2.6km, 10분 레드 구아한 셔틀버스 이용 — 18:30

| 호텔 수영장
+투몬 비치 P.106
휴식, 수영, 스노클링 | 조이너스 레스토랑
케야키 P.132 런치 | GPO P.146 쇼핑 | 마이크로네시아 몰 P.210
쇼핑 | 더 비치 바 P.139
or 타오타오 타씨 P.111
디너 |

DAY 04 택시투어 및 투어 상품 이용

09:00 — 7.2km 11분 — 09:30 — 1.6km 4분 — 10:30 — 2.8km 5분 — 11:00 — 2.9km 3분 — 11:30 — 6.4km 5분

| 괌 남부로 출발 | 투레 카페 P.175
브런치 | 아가냐 대성당 P.164
+스페인 광장 P.165 | 리카르도 J. 보르달로
괌 정부청사
+아델럽 곶 P.171 | 피쉬아이 마린파크
해중전망대 P.184 |

DAY 05

12:00 — 800m 도보 10분 — 13:00

| 호텔 휴식 후
T갤러리아 쇼핑 | 햄브로스 P.113
런치 |

메리조 부두

048

괌에서는 렌터카 여행을 추천하는 편이지만
뚜벅이 여행자도 걱정할 필요는 없다.
쇼핑몰에서 운영하는 무료 셔틀버스를 비롯해
다양한 셔틀버스를 이용하면 편리하게 다닐 수 있다.
셔틀버스로 갈 수 없는 괌 남부 및
북부 지역은 투어 상품을 적절히 이용하자.

마타팡 비치

DAY 02

09:00	6.6km 12분	16:00		18:00		20:00

알루팡 비치
돌핀 크루즈, 패러세일링,
제트스키 등
해양 액티비티 P.061

호텔 닛코 괌 P.256
스파 아유아람

호텔 닛코 괌
마젤란 뷔페 레스토랑 P.131
디너

더 비치 바 P.139

조이너스 레스토랑 케야키

T갤러리아

솔레다드 요새

12:30	12.9km 14분	14:00	5.1km 6분	14:30	1.1km 2분	15:00	3.4km 5분	15:30

마리나 그릴 P.196

세티 베이
전망대 P.188

우마탁 마을 P.189

솔레다드
요새 P.190

메리조 부두 P.191
+ 메리조 마을 P.192

12.2km
16분

피쉬아이 마린파크

19:00	5.4km 8분	17:30	29.8km 33분	16:00

빌리지 오브 돈키 P.098

칼리엔테 P.173 디너
(수요일엔 차모로
빌리지 야시장 P.166)

이나라한
자연 풀장 P.194

휴가 없이 주말에 떠나는
직장인 3박 4일 코스(밤 비행기 왕복)

★ 투몬에 위치한 호텔 이용, 렌터카 이용 기준

DAY 01

20:45
퇴근 후 저녁 비행기로
인천공항 출발

햄브로스

DAY 02

03:00
괌 도착 후
호텔 체크인

450m
2분

10:00
호텔 수영장 휴식
or 투몬 비치 P.106 산책
+T갤러리아 P.148 쇼핑

DAY 03

09:00
괌 남부로 출발

7.2km
11분

09:30
투레 카페 P.175
브런치

1.6km
4분

10:30
아가냐 대성당 P.164
+스페인 광장 P.165

2.8km
5분

11:00
리카르도 J. 보르달로
괌 정부청사
+아델럽 곶 P.171

2.9km
3분

11:30
피쉬아이 마린파크
해중전망대 P.184

6.4km
5분

DAY 04

03:00
괌 공항 출발

더 비치 바

건 비치

사랑의 절벽

솔레다드 요새

1년에 딱 한 번밖에 없는 여름휴가까지 기다리기 힘들다면
주말을 이용해 훌쩍 떠나보자. 금요일 퇴근 후 출발해
월요일 새벽 한국에 도착해 출근하는 일정이다.
하루 정도 월차를 낼 수 있다면 조금 더 여유 있게 즐길 수 있지만
밤 비행기를 이용하면 주말을 이용해 알차게 보낼 수 있다.

·········· TIP ··········
밤 비행기로 괌에 도착하면 첫
날 호텔에 머무르는 시간은 고
작 몇 시간이다. 짧은 첫날 밤
엔 저렴한 호텔을 이용하면 경
비를 절약할 수 있다.

	4.9km 10분		5.8km 12분		2.6km 4분		4.7km 8분	
12:00		**13:00**		**15:00**		**17:00**		**18:00**
햄브로스 P.113 런치		해양 액티비티 or GPO P.146 쇼핑		마이크로네시아 몰 P.210 쇼핑		사랑의 절벽 P.202		더 비치 바 P.139 디너

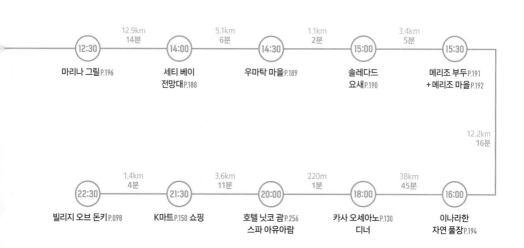

	12.9km 14분		5.1km 6분		1.1km 2분		3.4km 5분	
12:30		**14:00**		**14:30**		**15:00**		**15:30**
마리나 그릴 P.196		세티 베이 전망대 P.188		우마탁 마을 P.189		솔레다드 요새 P.190		메리조 부두 P.191 + 메리조 마을 P.192

12.2km
16분

	1.4km 4분		3.6km 11분		220m 1분		38km 45분	
22:30		**21:30**		**20:00**		**18:00**		**16:00**
빌리지 오브 돈키 P.098		K마트 P.150 쇼핑		호텔 닛코 괌 P.256 스파 아유아람		카사 오세아노 P.130 디너		이나라한 자연 풀장 P.194

투몬 비치

우마탁 마을

스페인 광장

PART
02

한 걸음 더, 테마로 즐기는 괌

GUAM

인스타그래머블 괌
인생샷 찍기 좋은 곳 16

01
메리조 부두
Merizo Pier

나무 데크 끝에 앉으면 누구나 인생샷을 찍을 수 있다. 인기가 많은 곳이라 늘 많은 사람이 줄 서 있으니 인내심을 가지고 기다려야 한다. P.191

📍 Merizo Pier, 4, Merizo

02
이파오 비치
Ypao Beach

바다와 하늘과 'GUAM' 글자 조형물이 어우러진 인증샷 필수 코스! 파란 하늘이 어우러지는 한낮도 좋지만 저녁이 되면 노을과 어우러져 또 다른 매력을 준다. P.108

📍 Ypao Beach, Tamuning

03
스페인 광장
Plaza de Espana

길게 뻗은 야자수를 배경으로 한 커다란 'GUAM' 글자 조형물 역시 괌 인증샷 필수 코스. 멀리서 야자수와 함께 찍어도 예쁘고, 타이트하게 레터만 나오게 찍어도 예쁘다. P.165

📍 Plaza de Espana, Hagatna

04
투몬 트레이드 센터
Tumon Trade Center

괌의 맑은 하늘과 핑크색 건물을 배경으로 사진찍기 좋다. 포토스팟은 투몬 트레이드 센터 표지판 앞!

📍 144 Fujita Rd, Tamuning

66

여행에서 남는 건 결국 사진! 괌은 예쁜 사진을 찍을 수 있는 곳이 많다.
놓칠 수 없는 유명 스폿부터 나만 알고 싶은 숨은 곳까지 구석구석 꼽아봤다.

99

에메랄드 밸리
Emerald Valley

최근 SNS에서 핫한 포토스팟. 신기할 정도로 아름다운 에
메랄드 빛깔의 물색을 배경으로 인생샷에 도전해보자. P.186

📍 Emerald Valley, Hwy 11, Piti

괌 리프 호텔
Guam Reef Hotel

빨간색 'GUAM' 조형물을 배경으로 인증샷 찍기 좋다. 바
다 배경은 아니지만 빨간색이라 사진이 예쁘게 나온다. P.250

📍 1317 Pale San Vitores Rd, Tamuning

지미디의 그네
Jimmy D's Swing

요즘 괌에서 가장 핫한 인생샷 포토 존. 바다 위에서 그네
를 타는 특별한 사진을 남길 수 있다. 특히 일몰 시간이 아
름답다. 주차는 호텔 산타페 주차장 추천

📍 132 Lagoon Drive, Tamuning, 96913

괌 르셀 약국
Guam Rexall Drugs

괌을 대표하는 상징인 카라바오(물소)와 닭, 밀짚모자 쓴
선장 그림이 한눈에 들어온다.

📍 646 South Marine Dr, Tamuning

존 F. 케네디 고등학교
John F. Kennedy High School

트리스탄 이튼(Tristan Eaton)은 괌과 미국의 관계를 예술적으로 통합하고자 존 F. 케네디 고등학교에 벽화를 그리고, 유명한 인용구를 새겼다. 긴 머리에 꽃을 꽂은 소녀 그림이 인상적이다.

📍 331 North Marine Drive, Tamuning

이나라한 벽화마을
Inarajan Mural Village

주민들이 떠난 낡은 마을이 빈티지한 벽화마을이 되었다. 크게 볼거리는 없지만 낡은 벽화를 배경으로 인증샷 찍기 좋다. P.193

📍 138, San Jose Ave, Inarajan

하갓냐(아가냐) 공공도서관

오스틴 도밍고(Austin Domingo)가 복잡한 패턴과 대담한 색상을 활용해 카라바오(물소)와 라테스톤을 그렸다.

📍 Guam Public Library, Hagatna

코코새 벽화

괌을 대표하는 괌뜸부기새의 차모로식 이름, 코코(Ko'Ko'). 코코새는 100여 마리밖에 남지 않은 멸종 위기의 새다.

📍 The Mermaid Tavern and Grille, 140 Aspinall Ave, Suite 101, Hagatna

THEME

괌 버스 정류장

괌 전역의 버스 정류장은 기관 및 비즈니스 자원봉사자들 손으로 디자인되고 칠해졌다. 일부러 찾지 않아도 어디서 든 쉽게 볼 수 있다.

사랑의 절벽
Two Lovers Point

괌 최고의 명소에서 끝없이 펼쳐지는 바다를 배경으로 사 진을 찍어보자. P.202

📍 Two Lovers Point, Route 34, Tamuning

아칸타 몰
Acanta Mall

관광객에게 인기 있는 쇼핑몰이 아니라 그냥 지나치는 경 우가 많다. 그래도 투몬에 머무는 동안 잠시 들른다면 'GUAM' 글자와 날개 그림 배경으로 사진을 남겨보자.

📍 962 Pale San Vitores Rd Suite A3, Tumon

리카르도 J. 보르달로 괌 정부청사
Ricardo J. Bordallo Governor's Complex

국기의 엠블럼과 똑같은 모양의 대형 엠블럼이 바다를 배 경으로 있어 인증샷 찍기 좋다. P.171

📍 Ricardo J. Bordallo Governor's Complex, Marine Corps Dr, Hagatna

오감만족 인기 여행지
TV 속 괌 따라 하기

배틀트립 [KBS 2]

2인 1조로 여행을 다녀온 연예인들이 실속 있는
여행 정보와 꿀팁을 알려주는 프로그램.

PIC 리조트 P.248
숙소

리틀 피카스 P.122
김숙의 브런치 카페

돌핀 크루즈 P.061
이휘재의 액티비티

반 타이 P.126
이휘재의 타이 레스토랑

프로아 P.124
시청자 추천 전통 차모로식
레스토랑

사랑의 절벽 P.202
셀프 웨딩 촬영

경비행기 조종 P.063
김숙의 투어

비치인 쉬림프 P.125
이휘재의 새우요리 맛집

K마트 P.150
쇼핑

괌은 워낙 인기 있는 여행지이다 보니 TV 프로그램에도 종종 소개된다.
방송에 나온 스폿을 따로 정리했으니 눈여겨본 곳이 있다면 체크하자.

(02)

원나잇 푸드트립 [Olive]

'세상은 넓고 맛있는 음식은 많다!' 여행의 성공적인 삼시세끼를 위해
스타들이 1박 2일 동안 먹방 리스트를 클리어하는 프로그램.

에그 앤 띵스 P.123

더 비치 바 P.139

차모로 빌리지 야시장 P.166

제프스 파이러츠 코브 P.197

(03)

맛있는 녀석들 [Comedy TV]

음식도 먹어본 사람이 제대로 된 맛을 아는 법! 맛 좀 아는 녀석들의 친절한 먹방 프로그램.

더 비치 바 P.139

나나스 카페 P.128

세일스 바비큐 Sails BBQ

괌에서 즐기는
액티비티 베스트 10

01
스쿠버다이빙

바다에서 가장 손쉽게 할 수 있는 액티비티는 스노클링이지만 볼 수 있는 어종이 한정적이다. 더 다양한 물고기와 바다 생물을 만나고 싶다면 스쿠버다이빙에 도전해보자. 바닷속 깊이 들어간다고 생각하니 겁부터 난다고? 체험 다이빙 상품을 이용해 초보자도 얼마든지 안전하게 깊은 바다와 만날 수 있다. 욕심을 내어 스쿠버다이빙 라이센스를 취득하는 것도 추천한다. 3일 과정의 오픈 워터 다이버(open water diver) 자격증을 취득하면 그날부터 나도 다이버! 전 세계 어느 바다에서나 당당히 스쿠버다이빙을 할 수 있다.

👍 맥제이 스쿠버다이빙(Mcjay Scuba Diving)
$ 체험 다이빙 $50~ 🏠 mcjayscuba.com

02
스노클링

괌에서 즐길 수 있는 액티비티 가운데 유일하게 투어를 이용하지 않아도 되는 게 바로 스노클링이다. 어느 바다건 몇 발짝만 걸어 나가 바닷속에 얼굴을 담그면 수많은 열대어를 볼 수 있으니 마트에서 스노클링 장비를 구입해 바다로 나가보자. 만일 깊은 바다의 스노클링을 원하는데 스노클링이 처음이거나 수영에 자신이 없다면 투어 상품을 이용하는 게 좋겠다. 초급은 이파오 비치, 중급은 피쉬아이 마린파크, 고급은 건 비치를 추천한다. P.061

TIP
스노클링 중에 자주 볼 수 있는 물고기
---

❶ 트리거피시(Triggerfish) ✱ 공격성이 강해 빵 조각을 주다가 손이나 발을 물릴 수 있으니 유의해야 한다.
❷ 옐로 탱(Yellow Tang) ❸ 깃대돔(Moorish Idol) ❹ 컨빅트 탱(Convict Tang) ❺ 오네이트 버터플라이피시(Ornate Butterflyfish)
❻ 바다거북(Turtle) ❼ 더블 새들 버터플라이피시(Double Saddle Butterflyfish) ❽ 토마토 클라운피시(Tomato Clownfish)
❾ 롱노즈 버터플라이피시(Longnose Butterflyfish) ❿ 서전피시(Surgeonfish) ⓫ 학공치(Halfbeak)

> 스노클링 외에도 괌의 자연을 즐길 수 있는 액티비티가 많다.
> 취향과 일정에 맞게 골라보자.

돌핀 크루즈

수족관에서만 보던 돌고래를 코앞에서 볼 수 있다. 수십 마리의 돌고래 떼가 여기저기서 뛰어오르는 모습에 절로 감탄사가 튀어나온다. 다른 액티비티를 하기 어려운 어린아이와 함께하는 여행이라면 특히 추천한다.

---------------------------- TIP ----------------------------
수족관이 아닌 바다에서 돌고래를 찾는 투어이니 단 한 마리의 돌고래도 보지 못하는 날이 있을 수 있다. 배를 타고 바다에 나갔다가 돌고래를 못 보고 그냥 돌아와야 한다면 실망이 이만저만이 아니니 돌핀 크루즈 외에도 스노클링, 패러세일링, 바나나 보트 타기 등 다른 액티비티가 같이 묶인 상품을 이용하는 게 정신건강이나 시간 활용에 좋다.

패러세일링

알록달록 낙하산을 타고 50미터 높이까지 올라 푸른 하늘을 날며 환상적인 바다를 한눈에 내려다볼 수 있다. 괌의 바다와 하늘을 온몸으로 느끼며 스릴과 여유를 만끽하고 싶은 이들에게 추천한다. 한 번에 두 명이 탑승할 수 있어 연인이나 친구와 함께 즐기기 좋다.

제트스키

전문가의 뒷자리에 올라타도 되고 작동법을 배워 스스로 운전해볼 수도 있다. 어느 해양 스포츠보다도 스릴 넘치는 액티비티.

바나나 보트

제트스키에 매달린 바나나 모양의 긴 고무보트에 올라 에메랄드 빛 바다를 달려보자. 물 위를 통통 튀는 바나나 보트에서 시원한 물보라를 맞으며 신나게 달리다 보면 스트레스가 날아가는 기분이 든다.

👍 알루팡 비치 클럽(Alupang Beach Club)
$ 스노클링+돌핀 크루즈+패러세일링+바나나 보트+제트스키 $170, 돌핀 크루즈+스노클링 $70
🏠 www.abcguam.kr

씨워커

수영을 못해도 괜찮다! 바닷속에 헬멧을 쓰고 들어가 산책하듯 걸어 다니는 액티비티 '씨워커'가 있으니 말이다. 헬멧을 쓰면 얼굴에 물이 닿지 않아 안경을 쓰거나 화장한 채로 체험이 가능하다. 헬멧 무게는 약 35킬로그램이나 되지만 바닷속에서는 전혀 무게를 느끼지 못하니 편하게 거닐며 감상할 수 있다.

스카이다이빙

2,400미터 상공에서 뛰어내리는 스카이다이빙! 남국의 절경이 한눈에 내려다보이는 비행, 시속 200킬로미터로 낙하할 때의 특별한 느낌 등 말로 표현할 수 없는 스릴과 감동이 있다. 경험이 풍부한 스카이다이버가 함께하기 때문에 안심하고 비행할 수 있다. 괌의 기후는 1년 내내 온난하고 쾌적하므로 상공에서 아름다운 바다와 섬의 경치를 즐기기에 최적이다.

👍 스카이다이브 괌(Skydive Guam) $ $299~ (사진, 영상 별도) 🏠 skydiveguam.com

⑨ 경비행기 조종

오늘은 내가 파일럿! 경비행기 조종석에 앉아 직접 핸들을 잡고 운전하는 특별한 경험을 할 수 있다. 이륙과 착륙 시 공중에서 크게 좌우로 핸들을 돌리면 손에 땀이 나지만 그만큼 짜릿하다. 당연히 옆 자리엔 전문 파일럿이 함께 탑승해 함께 조종해주니 걱정은 내려놓아도 된다. 만 6세 이상이면 체험이 가능하며 뒷자리에 부모님이 함께 탑승할 수 있어 아이가 조종하는 경비행기에 오르는 특별한 시간을 가질 수 있다. 무사히 착륙한 뒤에는 직접 조종한 경비행기를 배경으로 기념 촬영을 할 수 있고 기념 라이센스도 발급받을 수 있다.

👍 AIRE Services 디스커버리 플라이트 30분, $205(동승자 2인 무료) $ 가벼운 체험 조종 $130(동승자 2인 무료), 주니어 파일럿 $190(동승자 2인 무료)
🏠 aireservicesguam.com

⑩ 정글 투어

괌 바다 가운데 가장 물이 맑고 깨끗하기로 유명한 북부의 리티디안 비치. 그러나 가는 길이 비포장도로에다가 곳곳에 움푹 파인 웅덩이가 많아 자칫 차량 타이어가 터질 수 있고, 파도가 높은 날에는 입장이 금지되어 쉽게 갈 수 없다. 투어 상품을 이용해 리티디안 비치와 아름다운 정글을 함께 탐험해 보자. 오프로드 전용 차량을 타고 정글을 달리기도 하고, 짚라인, 원주민 쇼 등 다양한 방법으로 정글을 느낄 수 있다.

👍 괌 스타샌드(Guam Star Sand) $ 정글 어드벤처 성인 $85, 어린이 $55, 유아(만 35개월 이하) 무료 🏠 www.guamstarsand.com

👍 어드벤처 리버 크루즈(Adventure River Cruise) $ 어드벤처 리버 크루즈(점심 포함) 성인 $110, 어린이 $95, 유아(만 5세 미만) 무료 🏠 valleyof thelatte.com/ adventure-river-cruise

쉽게 즐기는 바다 여행
괌 스노클링

스쿠버다이빙, 낚시, 돌핀 워칭,
등산, 경비행기 조종 등
많은 액티비티가 있지만 딱 하나만
고르라면 단연 스노클링.
장비만 있다면 괌의 어느 바다에서건
스노클링을 즐길 수 있다.
몇 발짝만 걸어 나가 얼굴만 물속에
담그면 수많은 알록달록한
열대어 떼를 볼 수 있다.
수심이 얕고 파도가 심하지 않아
초보자도 어렵지 않게 할 수 있으니
용기 내어 바다로 나가보자.
괌에서 할 수 있는 최고의 액티비티로
추천한다. 다만 과도한 자신감은 금물!
안전수칙을 잘 지키자.

> ···················· **TIP** ····················
> ## 유의사항
>
> · **이안류**: 해안으로 밀려드는 파도와 달리 해류가 해
>   안에서 바다 쪽으로 급속히 빠져나가는 현상이다.
> · **해파리 공격**: 6월부터는 바다에서 해파리의 공격
>   이 시작된다. 괌 해파리는 1센티미터 정도의 작은
>   크기로 떼 지어 다니는데 해파리에 쏘이면 식초나
>   얼음으로 찜질하고 해독제를 맞아야 한다.

단계별 스노클링 포인트 3

 이파오 비치 피크닉 시설과 샤워 시설까지 갖추고 있으며 파도가 거세지 않아 누구나 이용할 수 있다. P.108

 피쉬아이 마린파크 피쉬아이 마린파크 해중전망대까지 이어지는 다리 아래로 걸어 들어갈 수 있다. 전망대 쪽은 수심이 깊으니 초보자는 유의할 것. 다리 왼쪽 부근의 산호밭이 특히 아름답다. P.184

 건 비치 더 비치 바 오른쪽 바다 밑바닥의 송유관을 따라 대략 100미터쯤 가면 자연 방파제가 있다. 이곳을 지나면 수심 깊은 바다가 나오는데 거북이나 상어도 쉽게 볼 수 있다. 단 여느 바다보다 파도가 센 편이고 이안류가 심한 날은 먼바다로 밀려갈 수 있으니 초보자에겐 위험하다. P.107

스노클링 장비

스노클링 투어 상품을 이용하면 장비를 따로 챙길 필요가 없다. 만약 남들이 사용한 스노클링 장비를 사용하는 게 꺼려지거나 개인적으로 스노클링을 하고 싶다면 K마트나 ABC스토어에서 장비를 구입할 수 있다.

· **구명조끼**: 괌의 바다는 수심이 얕고 파도가 심하지 않은 편이지만 아이들과 동행한다면 혹시 모를 이안류나 안전사고에 대비해 구명조끼는 꼭 착용하도록 하자.

· **마스크**: 즐거운 스노클링을 위해 마스크는 필수! 무엇보다 얼굴에 잘 맞고 편안한 제품을 써야 한다. 마스크가 잘 맞는지 확인하려면 '숨쉬기 테스트'를 해보면 된다. 눈 주위만이 아니라 얼굴을 전체적으로 덮는 풀 페이스 마스크는 코와 입을 편안하게 해서 아이들이나 초보자에게 적당하다.

＊숨쉬기 테스트
마스크의 머리끈(스트랩)을 걸지 않은 상태로 마스크를 얼굴에 대고 코로 숨을 들이마신 다음, 손을 놓아도 마스크가 얼굴에서 떨어지지 않는다면 잘 맞는 것이다.

· **스노클(숨대롱)**: 마우스피스가 입에 편안하게 맞고 잘 구부러지는 플렉스 호스형이 좋다.

· **핀(오리발)**: 신었을 때 발이 꼬집히거나 발가락이 구부러지지 않는 사이즈를 선택해야 한다.

예비 엄마에게 강추
베스트 태교 여행지

괌은 쇼핑 천국이지만 특히 유아용품과 의류를
한국보다 저렴하게 살 수 있는 곳으로 유명하다.

K마트
Kmart

임신 중에 먹어도 안전하다는 소화제
텀스(Tums)부터 신생아 발진크림이
나 침독크림, 아이들 장난감까지 다양
한 유아용품을 구입할 수 있다. P.150

로스
Ross

창고형 매장 로스에서 어른 옷은 보물
찾기 하는 기분으로 찾아야 하지만 신
생아 의류는 비교적 정리가 잘되어 있
어 고르기도 쉽고 저렴하다. P.147, 211

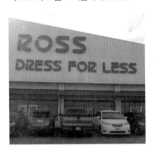

렌터카를 이용한
남부 여행

사진 찍기 좋은 스폿에서 만삭 사진에
도전해보자.
▶▶ 인생샷 찍기 좋은 곳 P.054
▶▶ 추천 드라이브 코스 P.072

알프레도 스테이크하우스
Alfredo's Steakhouse

아름다운 투몬 비치의 석양을 바라보
며 맛있는 스테이크로 체력을 보충하
자. P.116

임신부 전용 마사지

임신부는 마사지가 제한되는 경우가
많으니 전용 마사지를 받아야 한다.
(임신 3~8개월 이용 가능)

임신부 전용 추천 마사지

· **두짓타니 괌 리조트**
데바라나 스파 Devarana Spa
아유베딕 헤드 마사지 60분, $130
▶▶ P.241

· **리가 로얄 라구나 괌 리조트**
앙사나 스파 Angsana Spa
드림즈 마사지 90분, $160
▶▶ P.253

· **호텔 닛코 괌 스파 아유아람**
SPA ayualam
임산부 마사지 60분 $135
▶▶ P.257

아이와 함께 가면 좋은
베스트 가족 여행지

유독 가족여행자가 많은 괌에서 특히 아이와 함께 가면 좋을 곳을 추려봤다.
첫 해외여행에 나선 아이에게 평생 마음에 남을 추억을 만들어주는 건 어떨까.

언더워터 월드
Underwater World

100미터 길이의 수중 터널과 수족관
에서 다양한 수중생물을 볼 수 있다.
P.109

마타팡 비치 파크
Matapang Beach Park

현지인들이 주로 찾는 해변으로, 안전
요원이 상주하고 있어 아이들과 함께
물놀이를 즐기기 좋다. P.112

샌드캐슬 카레라
Sandcastle Karera

다양한 특수 효과가 가미된 세계적
수준의 멀티미디어 쇼를 감상할 수 있
다. P.110

호시노 리조트 워터파크
Hoshino Resort Water Park

총 다섯 개의 워터 슬라이드, 인공파
도 풀, 짚라인 등 여러 시설을 갖추고
있는 워터파크. P.112

경비행기 조종

하루쯤은 나도 파일럿! 조종석에 앉아
직접 경비행기를 운전해 괌 하늘을 날
수 있는 특별한 경험이다. (만 6세 이
상 이용 가능) P.063

돌핀 크루즈

좁은 수족관 대신 바다에서 무리 지어
뛰노는 야생 돌고래를 볼 수 있다. P.061

친구들과 함께 떠나는
유쾌 발랄 우정 여행

액티비티와 쇼핑, 휴양 모두 가능한 괌은
우정 여행지로도 완벽하다.

우정 사진 찍기

아름다운 바다, 괌을 상징하는 화려한 벽화 등 인생샷을 남기기 좋은 스폿이 많다. ▶ 인생샷 찍기 좋은 곳 P.054

차모로 빌리지 야시장 구경
Chamorro Village Night Market

수요일 저녁엔 야시장을 방문해 숯불 바비큐 꼬치도 먹고 후식으로 코코넛 사시미도 맛보자. 괌 분위기 물씬 나는 원피스와 목걸이를 구입해 바닷가에서 사진을 찍어도 좋다. P.166

호시노 리조트 워터파크
Hoshino Resort Water Park

총 다섯 개의 워터 슬라이드, 인공파도 풀, 짚라인 등 다양한 시설을 갖춘 워터파크를 신나게 즐겨보자. 사람이 많지 않아 사진 찍기도 좋다. P.112

클럽 ZOH
Club ZOH

괌에서 가장 크고 핫한 클럽을 즐겨보자. 우리나라 홍대 분위기를 상상하면 실망할 수도 있지만 달라서 더 이국적이고 특별한 재미를 느낄 수 있다. P.145

아무것도 하지 않을 자유
호젓한 힐링 여행

때로는 바다를 바라보며 아무것도 하지 않을 자유를 만끽하는 것도
괌을 가장 멋지게 여행하는 방법 중 하나.

두짓타니 괌 리조트
Dusit Thani Guam Resort

명실상부 괌 최고의 리조트로 바다 전망의 객실 테라스에
앉아만 있어도 저절로 힐링이 된다. P.240

스파 아유아람
SPA ayualam

호텔 닛코 괌에 있는 스파 아유아람에서 몸과 마음의 휴식
을 취해보자. 묵은 피로가 싹 가시는 느낌이다. P.257

더 비치 바에서 칵테일
The Beach Bar

일몰 시간에 맞춰 가보자. 괌 최고의 일몰을 볼 수 있다. 단
바닷가 쪽 테라스 좌석에 앉으려면 예약 필수! P.139

이파오 비치에서 스노클링
Ypao Beach

수심이 얕고 파도가 세지 않아 누구나 편안하게 스노클링
을 즐길 수 있다. 바닷속에 얼굴을 넣고 알록달록한 물고기
떼를 보고 있으면 시간 가는 줄 모르고 빠져들게 된다. P.108

사랑하는 사람과 함께
로맨틱 커플 여행

누구와 가도 좋은 곳이지만 사랑하는 사람과 함께라면
더할 나위 없는 여행지가 바로 괌이다.

더 비치 바에서 일몰 보기
The Beach Bar

괌에서 가장 아늠나운 일몰을 볼 수 있는 '건 비치'에 있다
바닷가 테라스 자리에서 아름답게 물들어가는 바다와 하
늘을 즐겨보자. P.139

도전! 셀프 스냅 촬영

삼각대와 리모컨을 준비해 가면 셀프 스냅 촬영이 얼마든
지 가능하다. 둘만의 특별한 추억을 만들어보자. ▶ 인생샷 찍
기 좋은 곳 P.054

수영장에서 여유를

바쁘게 관광하는 것도 좋지만 함께 수영하고 선베드에 누
워 칵테일 한잔씩 주문해 마시는 한가로운 시간을 가져보
자. ▶ 베스트 칵테일 P.084

NCS 비치에서 둘만의 피크닉
NCS Beach

리티디안 비치보다 덜 유명해 운이 좋으면 둘만의 시간을
보낼 수 있다. 돗자리와 간단한 먹을거리를 준비해 와서 오
붓하게 피크닉을 즐기자. P.203

어디든지 내 맘대로
렌터카 여행

괌의 구석구석을 가장 쉽고 편리하게 즐길 수 있는 방법은 렌터카를 이용하는 것이다.
해외에서 운전한 경험이 없어도 걱정하지 말자. 괌의 도로는 잘 정비되어 있고 길이 복잡하지 않아
운전이 쉽고 즐거우니 에메랄드 빛 바다를 따라 달릴 기회를 놓치지 말 것!

> **TIP**
> 한국 운전면허증이 있으면 별도의 국제운전
> 면허증 없이 30일 동안 운전할 수 있다.

추천 드라이브 코스

괌 남부 드라이브

하갓냐(아가냐) 지역의 역사유적지를 둘러보고 해안도로를 따라 남부를 한 바퀴 도는 데 1시간 15분 정도 걸린다.
천천히 둘러보려면 최소 반나절 이상 소요되니 일정을 여유 있게 잡는 게 좋다.

아가냐 대성당

피쉬아이 마린파크

메리조 부두

코스

❶ 투몬 출발 → ❷ 파세오 드 수사나 공원 → ❸ 아가냐 대성당 + 스페인 광장 → ❹ 리카르도 J. 보르달로 괌 정부청사
+ 아델럽 곶 → ❺ 피쉬아이 마린파크 → ❻ 에메랄드 밸리 → ❼ 아갓 마리나 → ❽ 세티 베이 전망대 → ❾ 우마탁
마을 → ❿ 솔레다드 요새 → ⓫ 메리조 부두 → ⓬ 이나라한 자연 풀장 → 투몬 도착

괌 북부 드라이브

때 묻지 않은 천혜 자연을 느낄 수 있는 드라이브 코스. 리티디안 비치가 오후 4시 문을 닫기 때문에
늦지 않게 출발해 사랑의 절벽이나 건 비치에서 일몰을 보면 좋다.
북부 코스에서는 푸른 바다, 여유로운 휴식, 스노클링 등 액티비티를 즐길 수 있다.

탕기슨 비치

건 비치

코스

❶ 투몬 출발 → ❷ 리티디안 비치 → ❸ 탕기슨 비치 → ❹ 사랑의 절벽 → ❺ 건 비치 → 투몬 도착

드라이브 코스 맵

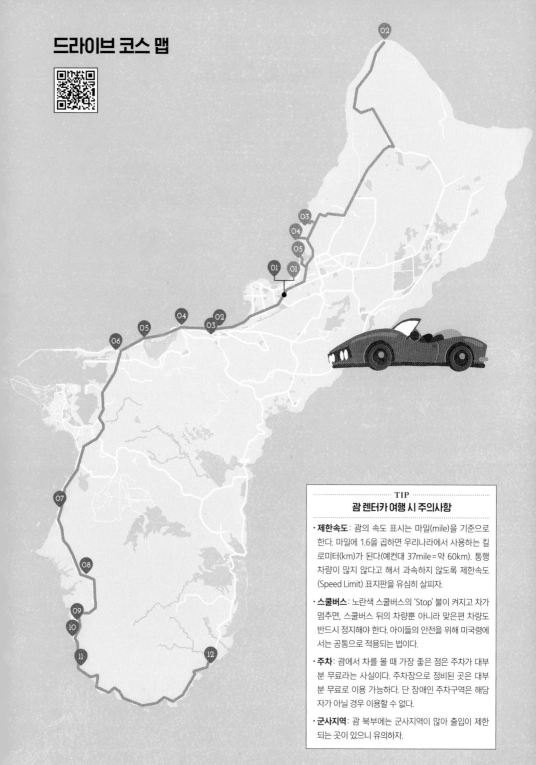

---TIP---
괌 렌터카 여행 시 주의사항

· **제한속도**: 괌의 속도 표시는 마일(mile)을 기준으로 한다. 마일에 1.6을 곱하면 우리나라에서 사용하는 킬로미터(km)가 된다(예컨대 37mile＝약 60km). 통행 차량이 많지 않다고 해서 과속하지 않도록 제한속도(Speed Limit) 표지판을 유심히 살피자.

· **스쿨버스**: 노란색 스쿨버스의 'Stop' 불이 켜지고 차가 멈추면, 스쿨버스 뒤의 차량뿐 아니라 맞은편 차량도 반드시 정지해야 한다. 아이들의 안전을 위해 미국령에서는 공통으로 적용되는 법이다.

· **주차**: 괌에서 차를 몰 때 가장 좋은 점은 주차가 대부분 무료라는 사실이다. 주차장으로 정비된 곳은 대부분 무료로 이용 가능하다. 단 장애인 주차구역은 해당자가 아닐 경우 이용할 수 없다.

· **군사지역**: 괌 북부에는 군사지역이 많아 출입이 제한되는 곳이 있으니 유의하자.

입이 즐거운 괌 음식
괌 식당 베스트 8

01

한 끼쯤은 특별하게! 파인 다이닝
알프레도 스테이크하우스
Alfredo's Steakhouse

오랜 기간 트립어드바이저 1위를 차지한 곳. 가격대는 다소 높지만 전망, 분위기, 맛, 서비스 모두 좋아 여행 중 특별한 한 끼를 하고 싶다면 추천. P.116

02

햄버거, 스테이크가 질렸다면
소이
Soi

느끼한 음식이 질릴 때쯤 타이 음식을 맛보자. 특히 팟타이가 일품이며 투몬 비치를 정면으로 바라보고 있어 전망도 훌륭하다. P.114

03

괌에서 꼭 맛봐야 할 수제 버거 No.1
햄브로스
Hambros

괌에서 수제 버거집을 딱 한 군데 꼽으라면 바로 이곳. 통새우 버거와 아보카도 버거를 특히 추천한다. P.113

04

인기 만점 새우요리 전문점
비치인 쉬림프
Beachin' Shrimp

호불호 없이 누가 먹어도 맛있는 요리들을 판매하고 있는 새우요리 전문점. P.125

"
맛집이 많지 않은 괌이지만 한 끼도 허투루 넘길 순 없다!
여행은 맛이라고 생각하는 당신을 위해 괌의 모든 식당을 섭렵한 저자가 엄선했다.
"

05
좋아하는 재료로 만들어 먹는 피자
파이올로지 피자리아
Pieology Pizzeria

도우부터 소스, 토핑 등을 직접 선택해 먹을 수 있는 피자 전문 체인점. P.138

06
숨겨진 로컬 맛집, 맛도 양도 최고!
츠엉스
Truong's

가격도 저렴하고 양도 넉넉한 베트남 음식점. 국물이 시원한 쌀국수와 스프링롤 룸피아는 꼭 맛보자. P.121

07
신선한 회와 해산물을 맛보고 싶다면
도라쿠
Doraku

관광객보다 현지 교민 사이에서 유명한 일본 음식점으로 씨푸드 샐러드와 롤을 추천. P.120

08
괌 햄버거 대회 2회 수상에 빛나는
모사스 조인트
Mosa's Joint

한국인이 많지 않은 현지인 로컬 맛집. 양고기 버거, 블루치즈 버거 등 다른 곳과 차별화된 버거가 많다. P.172

멋진 분위기에서 기분 업
파인 다이닝

밀라노 그릴 -라 스텔라-
Milano Grill -La Stella-

더 츠바키 타워 27층에 위치한 고급 이탈리안 레스토랑으로, 아름다운 전망과 훌륭한 음식 맛, 고급스러운 분위기와 서비스까지 흠잡을 데가 없다. P.115

로이스 레스토랑
Roy's Restaurant

힐튼 괌 리조트 & 스파에 위치한 고급 레스토랑. 부담스럽지 않은 금액으로 분위기 좋은 호텔 파인 다이닝 레스토랑을 이용해 보고 싶다면 런치 코스 메뉴를 추천한다. P.117

66

여행 중 한 번 정도는 고급스러운 인테리어와 조용한 분위기에서 멋진 식사를 즐겨보자.
▶▶ 파인 다이닝 이용법 P.118

99

소이
Soi

투몬 비치를 정면으로 마주하고 있어 전망
이 빼어난 타이 레스토랑. 탱글탱글한 새
우 씹는 맛이 일품인 팟타이는 꼭 먹어봐
야 할 메뉴다. P.114

알 덴테
Al Dente

하얏트 리젠시 1층에 있는 홈메이드 이탈
리안 레스토랑으로 4인 가족이 먹기 좋은
패밀리 디너를 추천. P.114

미국 본토 맛 가득한
수제 버거

미국령인 괌에서 반드시 한 번은 먹게 되는 메뉴가 바로 햄버거.
많은 수제 버거집 가운데 맛있는 곳만 추렸다.

햄브로스
Hambros

괌 대표 수제 버거 전문점. 세트로 주문할 땐 고구마튀김과
양파튀김을 추가하자! P.113

스택스 스매쉬 버거
Stax Smash Burgers

치모르 빌리지, 스페인 광장과 가까운 거리에 위치하고 있
는 로컬 햄버거 맛집이다. P.173

모사스 조인트
Mosa's Joint

아직 관광객에게 많이 알려지지 않은 로컬 맛집. 괌 햄버거
대회에서 두 차례 우승을 차지한 곳. P.172

메스클라 도스
Meskla Dos

관광객 사이에서 가장 소문난 버거집으로, 주문과 동시에
요리를 시작해 육즙이 살아 있는 패티와 소스의 조화를 맛
볼 수 있다. P.113

가족과 함께 편하게 즐기는
패밀리 레스토랑

맛과 분위기 모두 평균 이상 보장하는 식당을 찾는다면 익숙한 패밀리 레스토랑도 좋다.
미국 대표 프랜차이즈 세 곳을 소개한다.

01
아이홉
IHop

미국의 유명 프랜차이즈로 팬케이크, 와플, 오믈렛 등 아침
식사로 좋은 메뉴가 다양하다. P.134

02
애플비스
Applebee's

웨스턴 스타일의 캐주얼 레스토랑으로 가볍게 먹을 수 있
는 버거와 샌드위치, 파스타가 인기 메뉴다. P.135

03
루비 튜즈데이
Ruby Tuesday

전형적인 미국 패밀리 레스토랑. 다양한 메뉴 외에 무제한
샐러드 바가 있어 더욱 매력적이다. P.134

04
셜리스 레스토랑
Shirley's Restaurant

현지에서 인기 있는 로컬 식당. 스테이크, 오믈렛, 샌드위치
등 식사 메뉴도 다양하고 양이 푸짐하다. P.135

여유 있는 아침 만찬
브런치

호텔 조식도 좋지만 느지막이 일어나 브런치를 먹는 것도 휴양지에서 누릴 수 있는 여유가 아닐까.
대표적인 브런치 카페 네 곳을 골랐다.

01
피카스 카페
Pikas Cafe

현지인 위주의 가게였는데 입소문이 타면서 최근 관광객도 늘고 있다. 로코모코를 강력 추천. 맛, 양, 값 모두 만족스럽다. 피카스 카페와 리틀 피카스, 두 곳을 운영 중이다. P.122

02
에그 앤 띵스
Eggs 'n Things

하와이에서 오픈해 큰 인기를 끌었으며 괌에서도 성업 중이다. 간판 메뉴인 팬케이크는 휘핑크림이 듬뿍 올라가 비주얼이 훌륭하다. P.123

03
더 크랙드 에그
The Kracked Egg

다양한 달걀요리와 브런치 메뉴를 부담 없는 가격으로 즐길 수 있다. 한국 관광객보다 일본인과 현지인에게 더 인기 있는 곳. P.123

04
러브 크레페스 괌
Love Crepes Guam

프랑스 분위기의 예쁜 카페에서 먹는 크레페가 달콤한 아침을 선사한다. P.143

괌이 자랑하는 전통 음식
차모로 로컬 푸드

해산물과 다양한 농작물에 이민족의 식문화가 더해져 오늘날 태평양 지역 중심에 우뚝 선 차모로 전통 음식.
한국인의 입맛에도 잘 맞으니 여행 중 한 번은 꼭 먹어보자.

01

차모로 바비큐
Chamorro BBQ

소고기나 돼지고기, 닭고기 등 육
류를 간장과 식초로 만든 양념장
에 서너 시간 정도 재워둔 후 태운
듯이 구운 요리

02

레드라이스
Red Rice

아치오테(achiote)라는 식물의 씨
앗인 아나토(annatto)에서 천연
색소를 추출해 붉게 우려낸 물로
지은 밥

03

켈라구엔
Kelaguen

잘게 다진 고기와 해산물에 고추
등 각종 채소를 섞어 만든 음식.
레몬의 새콤함과 고추의 매콤함
이 어우러진 샐러드

04

피나데니 소스
Finadene Sauce

간장에 식초, 다진 양파, 고추가 들어
간 차모로 전통 소스. 육류 및 해산
물에 곁들여 먹거나 샐러드드레
싱으로 사용

프로아 Proa

웨이팅이 있을 만큼 인기가 많은
레스토랑이다. 바비큐에 곁들여
나오는 밥을 차모로식 레드라이
스로 선택할 수 있다. P.124

05

오이 샐러드
Cucumber Salad

오이를 비롯한 각종 채소를 피나데니 소
스에 버무려 먹는 샐러드

괌에서 즐기는 맛있는 커피
카페

투레 카페
Ture Cafe

괌의 카페 가운데 SNS 인증샷이 가장 많이 올라오는 곳. 토스트와 버거 등 다양한 메뉴를 판매하며 맛보다는 아가냐 베이의 전망이 더 훌륭하다. P.176

커피 슬럿
Coffee Slut

전망은 투레 카페보다 약간 떨어지지만 맛으로는 앞서는 곳. 콜드브루와 니트로커피를 맛볼 수 있다. P.175

인퓨전 커피 & 티
Infusion Coffee & Tea

괌의 스타벅스라 할 수 있는 대표적인 프랜차이즈로 총 일곱 개 매장이 있 이 괌 어디서나 쉽게 찾을 수 있다. P.140

슬링스톤 커피 & 티
Sling Stone Coffee & Tea

하갓냐와 남부를 시작으로 최근에는 하갓냐 지역 이외에도 투몬 등에 4개 지점이 생겼다. P.176

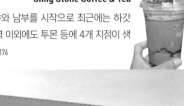

> 제대로 된 커피 맛을 보기 힘든 괌에서 맛있는 커피를
> 마실 수 있는 몇 안 되는 카페를 소개한다.

슬로우 워크 커피 로스터즈
Slowalk Coffee Roasters

커피 박물관 콘셉트의 대형 카페로 관광객뿐 아니라 현지인에게도 많은 인기를 얻고 있다. 한국인이 운영하는 카페답게 제주 말차 라테 등 다양한 메뉴가 있다. P.177

커피 비너리
Coffee Beanery

직접 로스팅한 CB 오리지널, CB 블렌드 등 커피를 기본으로 카페인 함유량을 조절할 수 있는 커피까지 메뉴가 다양한 것이 특징이다. P.141

호놀룰루 커피
Honolulu Coffee

세계 3대 커피 중 하나라는 코나커피를 맛볼 수 있는 카페. 인기 메뉴인 마카다미아 너트 커피와 부드러운 팬케이크는 꼭 맛봐야 한다. P.142

이디야 커피
Ediya Coffee

우리나라 토종 커피 프랜차이즈 이디야의 첫 번째 해외 가맹점을 괌 마이크로네시아몰에서 만나볼 수 있다. P.209

괌에서 즐기는
베스트 칵테일

  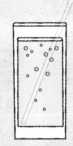  

알고 마시자! 칵테일 용어

· **드라이 Dry** 와인이나 스피릿(증류주) 전반에 걸쳐 사용되는 용어로 단맛이 적고 쓴맛이 나는 것을 말한다.

· **머들링 Muddling** 재료를 섞기 위해 바 스푼으로 휘젓는 것. 또는 완성된 칵테일을 유리나 플라스틱 재질의 막대로 휘저으며 마시는 방법.

· **베이스 Base** 칵테일을 만들 때 기본이 되는 술.

· **셰이크 Shake** 셰이커에 양주, 설탕, 시럽 등을 정량 넣고 얼음덩이와 함께 흔들어 섞는 것.

· **소프트 드링크 Soft Drink** 알코올 성분이 함유되지 않은 음료.

· **스노 스타일 Snow Style** 칵테일 글라스 가장자리에 레몬즙을 묻히고

거기에 설탕이나 소금을 덧붙여 눈처럼 보이게 한 것.

· **스퀴즈 Squeeze** 과실의 즙을 짜는 것.

· **스터 Stir** 바 스푼으로 술을 휘저어섞는 것. 셰이크를 하면 술이 탁해질 경우에 사용한다.

· **스피릿 Spirit** 독한 술의 주정제를 뜻하기도 하며 증류주를 아울러 부르는 말.

· **싱글 Single** 술의 용량을 나타내는 용어로 30밀리리터에 해당한다. 더블(Double)은 그 두 배인 60밀리리터.

· **온더록스 On the Rocks** 글라스에 얼음을 미리 넣고 술을 따르는 것. 술을 먼저 따르고 얼음을 나중에 넣는

것은 오버더록스(Over the Rocks).

· **체이서 Chaser** 독한 술을 마신 뒤 입가심으로 마시는 도수 낮은 음료나 탄산수.

· **프라페 Frappe** 칵테일글라스에 얼음 가루를 듬뿍 넣고 술이나 음료를 부은 것. 빨대로 마신다.

· **플로트 Float** 띄우기 기법. 술의 비중 차이를 이용해 재료들이 섞이지 않게 하여 층을 쌓는 방법.

· **하이볼 Highball** 위스키나 브랜디에 탄산수나 다른 음료를 넣고 얼음을 띄워 만드는 것이 일반적이다.

괌에서 마시면 좋은 칵테일

1 피나 콜라다 Pina Colada

'파인애플이 무성한 언덕'을 뜻하는 스페인어로, 파인애플 맛과 달달한 코코넛 향이 들어간 칵테일을 말한다. 럼 대신 보드카를 베이스로 한 것은 치치(Chi Chi)라고 한다.

2 블루 하와이 Blue Hawaii

화이트 럼과 블루 퀴라소가 괌의 바다와 하늘을 연상시키는 칵테일이다. 색깔도 예쁘고 맛도 달콤해서 여성들에게 인기!

3 준벅 June Bug

멜론과 코코넛 향이 나는 달콤한 칵테일로 알코올 맛이 거의 느껴지지 않아 술이 약한 사람들에게 적합하다.

4 마이타이 Mai Tai

파인애플 주스와 코코넛 밀크가 들어

간 칵테일로, 마이타이는 '최고'를 뜻하는 타히티어다.

5 깔루아 밀크 Kahlua Milk

도수 5도가량의 커피 우유 맛 칵테일. 약간 쓴맛이 있지만 우유가 희석시켜주어 부드럽기 때문에 술이 약해도 부담 없이 마시기 좋다.

6 모히토 Mojito

모히토는 무알코올 칵테일로 만들 수 있어 카페에서도 쉽게 접할 수 있는 메뉴. 입안 가득 퍼지는 민트 향이 새콤하고 시원하다.

7 미도리 사워 Midori Sour

미도리는 일본어로 '녹색'을, 사워는 영어로 '시큼함'을 뜻한다. 초록빛의 새콤달콤한 칵테일로 레몬과 멜론 맛의 조화가 좋다.

8 마르가리타 Margarita

테킬라 베이스의 칵테일로 전용 잔이 있을 만큼 대중적인 칵테일이다. 전통적으로 잔 테두리에 소금을 묻혀 마시며 색깔도 다양하고 맛도 있어 눈과 입이 즐겁다. 알코올 도수가 높아 술이 약한 사람에게는 적합하지 않다.

9 올드패션드 Old Fashioned

가장 클래식한 칵테일 가운데 하나. 주로 버번위스키를 베이스로 하며 들어가는 위스키의 종류에 따라 향과 맛이 조금씩 달라진다. 도수가 높아서 쉽게 마실 수 있는 칵테일은 아니지만 애주가라면 위스키의 향과 세월의 맛을 음미해보는 것도 좋겠다.

근사한 저녁식사와 함께
곽에서 만나는 미국 와인

알고 마시자! 와인 용어

· **드라이 와인 Dry Wine** 달지 않은 와인. 반대로 단맛이 많이 나는 와인은 스위트 와인 (Sweet Wine)이라고 한다.

· **마리아주 Mariage** '결혼'을 뜻하는 프랑스어로 와인에서는 음식과의 조화를 뜻한다.

· **머스캣 Muscat** 포도의 한 품종으로 이탈리아어로는 모스카토(Moscato)라고 한다. 머스캣으로 만든 와인은 단맛이 강한 편이라 입문자에게 좋다.

· **빈티지 Vintage** 포도의 수확 연도.

· **샤르도네 Chardonnay** 화이트와인을 만들 때 사용하는 청포도 품종. 원산지는 프랑스 부르고뉴 지방이다.

· **샴페인 Champagne** 프랑스 샹파뉴 지역에서 생산되는 스피클링 와인. 샹파뉴 포노 재배지는 세계문화유산으로 지정되어 있으며 다른 곳에서 생산되는 스파클링 와인은 샴페인이라 부를 수 없다.

· **소믈리에 Sommeliet** 와인을 추천해주는 전문가.

· **스틸 와인 Still Wine** 스파클링이 아닌 일반 와인.

· **아페리티프 와인 Aperitif Wine** 식전에 마시는 와인.

· **타닌 Tannin** 포도의 껍질과 줄기, 씨앗에 많이 함유된 성분으로 떫은맛을 낸다.

· **카베르네 소비뇽 Cabernet Sauvignon** 세계적인 레드와인 품종 가운데 하나.

02

괌에서 마시면 좋은 미국 와인

1 캔달 잭슨 빈트너스 리저브 샤르도네 Kendal Jackson Vintner's Reserve Chardonnay 빈트너스 리저브 샤르도네는 변호사였던 제스 잭슨(Jess Jackson)이 본격적으로 처음 생산한 와인. 1982년 첫 빈티지를 선보이고 이듬해 미국 와인 경연대회에서 최초로 플래티넘상을 수상했다. 풍부하고 부드러운 맛과 향으로 미국인의 입맛을 사로잡아 사상 초유의 샤르도네 열풍을 일으키는 데 크게 기여했으며 지금까지 미국 내 베스트셀러 와인으로 군건하다. 오바마 전 미국 대통령이 즐겨 마시는 와인으로 유명하다.

2 로버트 몬다비 우드브릿지 카베르네 소비뇽 Robert Mondavi Woodbridge Cabernet Sauvignon 체리, 베리, 브라운슈거, 토스트 향에서 시작해 붉은색 과일, 초콜릿, 캐러멜 맛이 느껴지며 부드럽게 마무리된다.

3 로버트 몬다비 프라이빗 셀렉션 샤르도네 Robert Mondavi Private Selection Chardonnay 벌꿀 같은 황금빛에 파인애플, 레몬, 청사과, 복숭아 향이 나며 스모키 오크, 바닐라, 브라운슈거의 맛과 크리미한 뉘앙스가 조화롭다.

4 터닝 리프 샤르도네 Turning Leaf Chardonnay 와인 병 레이블의 낙엽 무늬에서 가을 냄새가 물씬 풍긴다. 캘리포니아 버라이어틀(Varietal) 와인 맛을 대표하는 브랜드.

5 아이언스톤 카베르네 소비뇽 Ironstone Cabernet Sauvignon 미국 캘리포니아 로디(Lodi) 지역에서 만들며 풍부한 맛이 특징이다.

6 나파 셀라 카베르네 소비뇽 Napa Cellars Cabernet Sauvignon 자두와 블랙베리의 고급스러운 아로마 향에 시나몬과 타바코의 스파이시한 향이 가미되어 풍미가 깊다. 탄닌과 산도가 균형 잡혀 마무리가 기분 좋다.

7 웬티 서던 힐스 카베르네 소비뇽 Wente Southern Hills Cabernet Sauvignon 리버모어 밸리의 떼루아를 담은 와인. 검붉은빛에 체리, 블랙체리, 라즈베리, 바닐라, 시나몬, 커피 등의 향이 느껴진다. 풍부하면서도 적당한 타닌이 부드럽고 은은하게 감돌아 편하게 마실 수 있다.

8 카니버 카베르네 소비뇽 Carnivor Cabernet Sauvignon 커피, 토스트, 초콜릿 향이 느껴진다. 미국에서 품질과 시장성을 인정받은 와인.

9 베어풋 메를로 Barefoot Merlot 보이즌베리와 초콜릿 향이 조화로우며 달콤한 게 특징. 가벼운 바디감과 타닌, 약간의 스파이시함 때문에 와인 애호가들에게 인기 있다.

더울 때는 바로 이거지!
괌에서 마시면 좋은 맥주

괌
Guam

라거 계열의 맥주. 용기 표면에
괌을 상징하는 그림과
'GUAM' 글자가 크게 새겨져
기념으로 마셔도 좋고
선물용으로도 좋다.
호분효가 갈리는 맛이니
한 병만 먼저 따길 추천한다.

버드와이저
Budweiser

전 세계 맥주 판매량
상위 30개 브랜드 가운데 하나.
북미에서 미국 스타일의
라거 가운데 가장 인기 있는
맥주다.

블루문
Blue Moon

1995년 벨기에 스타일
화이트에일로 출시된 맥주.
벨기에의 맛 좋은 맥주에서
영감을 얻어 고수열매와
발렌시아 오렌지 껍질로 만들었다.
깊은 맛을 위해 불투명한 병을
사용하고, 밀과 오렌지
풍미를 느낄 수 있다.

밀러 라이트
Miller Lite

가볍고 달콤한 몰트 맛으로
옥수수가 함유됐다.
과일 향이나 홉의 쓴맛은
별로 없고 탄산도가 높다.

버드 라이트
Bud Light

미국식 전통 라거인
버드와이저의 대표 하위 브랜드.
비교적 낮은 4.2도의
부드러운 목 넘김이 특징이다.

구스 아일랜드 IPA
Goose Island IPA

진한 홉 향이 상큼한
오렌지 향(시트러스 계열)과
잘 어우러져 마시기
편한 IPA 맥주.

빅 웨이브
골든 에일
Big Wave Golden Ale

황금빛 열대과일과
깔끔한 몰트 향으로
하와이를 연상시키는
부드러운 에일이다.

와일루아 위트
Wailua Wheat

진한 홉 향이 상큼한
오렌지 향(시트러스 계열)과
잘 어우러져 마시기 편한
IPA 맥주.

하날레이
아일랜드 IPA
Hanalei Island IPA

카우아이섬의 명소인
하날레이 베이에서 이름을
딴 맥주. 패션프루트,
오렌지, 구아바 주스가
첨가되어 세 가지 과일의
풍미를 느낄 수 있다.

밸러스트 포인트
Ballast Point

1996년 캘리포니아
샌디에이고에서 출발한 맥주.
라벨에 다양한 물고기와
선원으로 보이는 해골을
그려 넣은 것으로 유명하다.
가장 인기 있는 것은
파인애플을 가미해 하와이
느낌을 시도한 스컬핀 IPA
(Sculpin IPA)이며 그 밖에
만타 레이(Manta Ray),
빅 아이(Big Eye) 등이 인기다.

롱보드 아일랜드 라거
Longboard Island Lager

청량감과 목 넘김이
기분 좋은 깔끔한 라거.
맥아와 홉 향을 즐길 수 있다.

파이어록 페일 에일
Fire Rock Pale Ale

저녁노을 아래 연인들의 로맨틱한
분위기를 자아내는 맥주.
기분 좋은 홉 향과 깔끔한 끝 맛이
인상적이며 바디감이 묵직하다.

코로나 엑스트라
Corona Extra

밝고 옅은 노란색이 트레이드마크.
쓴맛이 적고 청량해서 가볍게
마시기 좋다. 멕시코 남부처럼
후덥지근한 날씨에 라임을 넣어
마시면 한결 시원하다.

이럴 땐 여기서!
쇼핑몰 한눈에 둘러보기

아무리 쇼핑 천국이라지만 여행 내내 쇼핑몰만 다닐 수는 없는 법.
각 쇼핑몰의 특성과 공략하면 좋은 아이템을 한 번에 정리했다.

❶ T갤러리아 T Galleria by DFS P.148
• 투몬 중심부에 위치해 접근성이 좋음
• 명품부터 초콜릿과 잡화까지 한자리에서 쇼핑을 끝낼 수 있음
추신 브랜드 생토탕, 구씨, 맥, 소날론

❷ 괌 프리미어 아웃렛(GPO) Guam Premier Outlets P.146
• 합리적인 가격대의 미국 브랜드 쇼핑에 좋음
• 창고형 매장 로스(Ross)가 있음
추천 브랜드 타미힐피거, 캘빈클라인, 비타민월드, 트윙클스

❸ 마이크로네시아 몰 Micronesia Mall P.210
• 미국 유명 백화점 메이시스(Macy's), 대형 마트 페이레스 슈퍼마켓(Pay-Less Supermarkets), 창고형 매장 로스(Ross)가 있어 다양한 쇼핑을 한꺼번에 할 수 있음
추천 브랜드 랄프로렌, 비타민월드, 스텝, 고디바

❹ K마트 Kmart P.150
• 24시간 운영하는 대형 마트
• 신선식품을 제외한 상품을 구입하기 좋음
추천 아이템 센트룸, 선크림, 유아용품, 장난감, 과일 칩

❺ ABC스토어 ABC Stores P.152
• 주요 핫 플레이스 여덟 곳에 위치해 접근성 좋음
추천 아이템 냉장고 자석 등 괌 여행 기념품

❻ JP슈퍼스토어 JP Super Store P.154
• 명품보다는 캐주얼 브랜드와 디자이너 브랜드 위주로 입점
• 의류, 신발, 가방, 화장품, 먹거리, 기념품 등 다양한 품목 판매
추천 브랜드 핏플랍, 하바이아나스, 펜디 키즈

⑦ 더 플라자 The Plaza P.155

- 아웃리거 괌 비치 리조트 로비와 연결되어 있음
- T갤러리아에 입점하지 않은 브랜드를 공략하기 좋음

추천 브랜드 보테가 베네타, 리모와, 버켄스탁, 스투시

---

⑧ 투몬 샌즈 플라자 Tumon Sands Plaza P.156

- 다른 쇼핑몰보다 규모가 작은 편
- 원래는 20여 개 브랜드 매장이 입점되어 있었으나 현재는 모든 매장이 폐점 상태

추천 브랜드 데판야끼 전문점 조이너스 케야키

---

⑨ 퍼시픽 플레이스 Pacific Place P.157

- 다른 쇼핑몰보다 입점 브랜드가 적은 편
- 카프리초사, ABC스토어, 아웃백 스테이크, 커피 비너리 등과 함께 둘러보기 좋음

추천 브랜드 로코 부티크, GNC

---

⑩ 코스트유레스 Cost-U-Less P.157

- 코스트코와 비슷한 창고형 마트
- 회원카드 없이 이용 가능

추천 아이템 과일, 채소, 맥주, 와인 등

---

⑪ 페이레스 슈퍼마켓 Pay-Less Supermarkets P.158

- 현지인이 주로 이용하는 슈퍼마켓
- K마트에서 판매하지 않는 과일, 채소, 고기 구매에 좋음

추천 아이템 과일, 채소, 고기류

---

⑫ 캘리포니아 마트 California Mart P.158

- 한국 식재료가 필요할 때 이용

추천 아이템 김치, 고추장, 고추냉이, 소주, 라면

---

⑬ 아가냐 쇼핑센터 Agana Shopping Center P.178

- 관광객보다는 현지인이 주로 이용
- 명품보다는 저가 로컬 브랜드, 미국 브랜드 위주

추천 매장 페이레스 슈퍼마켓, 각종 디저트 매장(시나본, 요거트랜드, 피즈 & 코 등)

---

⑭ 빌리지 오브 돈키 Village of Donki P.098

- 잡화점 돈키호테를 비롯해 다양한 레스토랑, 카페, 다이소 등 입점
- 공항과 가까워 여행 마지막 코스로 좋음

추천 아이템 I ♥ Guam 관련 기념품, 일본 의약품, 일본 & 한국 식료품

곾이라서 좋다!
25달러 이하 아이템 베스트 10

10~25달러 선에서 부담 없이 기념으로 사거나
선물하기 좋은 아이템을 모아봤다.

고디바 프레즐 / 고디바 커피
$5 / $9.5

곾 여행 선물의 대명사. 고디바
매장이나 T갤러리아보다 마
이크로네시아 몰 메이시스
백화점 1층이 가장 저렴한
편. 프로모션이 그때그때
바뀌는데 1+1 행사도 종종
한다. P.210

호놀룰루 쿠키
$5.95~

맛도 맛이지만 패키지가 예뻐서 선
물용으로 더 좋은 아이템.
다양한 맛이 있으니 매장
에서 시식해보고 취향껏
구입하자.

곾 맥주
6캔 $15.99

바나나 등 향이 가미된 맥주도 기념으로 사보자. 맛은 호불
호가 갈리는데 K마트에서는 여섯 캔 단위로 판매하니 한두
캔만 맛보고 싶으면 ABC스토어에서 구입하자.
▶▶K마트 P.150, ABC스토어 P.152

버츠비 립밤 에센셜 키트
$23.99

미국 브랜드인 버츠비 제품을 국내보다 훨씬 저렴하게 구
매할 수 있다. 종류도 국내보다 다양한데 두 제품이 가장
인기.

바나나 칩 등 말린 과일
6개 세트 $13

여행 중 간식으로 먹고 한국에 돌아와 선물하기도 좋은 아이템.

맥 립스틱
$25

괌 쇼핑 리스트에서 빠지지 않는 아이템. 구입 금액대별 추가 할인과 쿠폰 등이 있어 실제로는 더 저렴해진다.

괌 분위기 물씬! 주방용품
냄비장갑 $8.99, 도마 $16.99

특이하고 다양한 디자인이 많고 품질도 좋아 실용적인 선물로 굿!

예티 텀블러 10oz
$20

구디스 매장에서 가장 저렴하게 살 수 있다. 작은 사이즈는 부담스럽지 않게 선물하기 좋은 아이템이다.

괌 비치타월 / 비치백
$12.99 / $14.99

색색의 비치타월과 비치백은 여행 중 사용하기도 좋고 기념으로 나눠주기에도 좋다.

수제 비누
$10

다양한 성분과 향의 수제 비누 역시 기념품 겸 선물로 무난한 아이템이다.

안 사면 손해!
비타민 브랜드 베스트 3

01
GNC

GNC(지앤씨)는 1935년 창업 이래 엄격한 품질 관리와 더불어 발전해온 대표적인 미국 건강보조식품 전문 브랜드로 비타민, 스포츠영양제, 프로틴, 허브, 미네랄 등의 각종 건강 관련 식품을 판매하고 있다. 국내에도 매장이 있지만 괌에서는 훨씬 저렴하게 구입할 수 있다. 마이크로네시아 몰, 퍼시픽 플레이스, T갤러리아 등에 입점해 있다.

우먼스 울트라메가 Women's Ultra Mega

여성의 활기와 건강을 위한 비타민과 미네랄 함유.

메가맨 Mega Men

남성 건강을 위한 다양한 비타민과 미네랄 공급(에너지 생성, 항산화, 면역기능 유지, 뼈 건강 등).

그 외 추천 제품

- **연어오일 100** Salmon Oil 100 항염과 혈액 순환에 좋다.
- **엽산** Folic Acid 태아의 신경관 정상 발달에 필요.
- **코엔자임 큐텐** CoQ-10 항산화와 혈압 건강에 효능.
- **밀크시슬** Milk Thistle 밀크시슬은 엉겅퀴과 식물로 간 건강에 효능.
- **오메가3** Omega-3 혈행과 건조한 눈을 개선해 눈 건강에 효능.
- **번 60** Burn 60 혈칼로리 연소율을 60퍼센트까지 증진.

> 괌에서 빼놓지 않고 사는 것이 바로 비타민. 미국의 깐깐한 심사 기준을 통과한 제품들이라 믿을 수 있다.
> 우리나라보다 훨씬 저렴한 가격이니 선물로도 제격이다.

비타민월드

1977년 창업해 미국 내 500여 개의 매장을 운영 중인 비타민 전문 업체이다. 마이크로네시아 몰과 괌 프리미어 아웃렛(GPO), 아가냐 쇼핑센터에 입점해 있으며 매장에 한국인 직원이 상주하고 있어 원하는 비타민을 쉽게 구입할 수 있다.

레티놀 크림 Retinol Cream

비타민이 풍부해 얼굴과 눈 주변에 바르면 보습 효과가 있다. 윤기 있는 건강한 피부 유지에 효능.

오메가3 Omega-3

등 푸른 생선인 고등어에서 추출한 오메가3 사용. 두뇌와 망막의 구성 성분인 DHA 함유.

그 외 추천 제품

- **노니** Noni 항산화 물질 및 바이오 플라보노이드를 포함하여 건강 증진 생리활성 물질이 풍부하다. 전반적인 건강 지원.
- **울트라 우먼** Ultra Woman 여성용 멀티 비타민으로 피부, 머리카락, 손톱 등에 영양을 제공하고 스트레스 완화, 노화방지에 도움.
- **프로바이오틱 10** 면역력, 소화기능, 장활동 활발에 도움을 주는 유산균.

센트룸

19년 연속 세계 판매 1위를 기록한 멀티비타민 브랜드로 국내에서도 쉽게 구입할 수 있지만 괌에서 더 저렴하다. 가격적인 메리트뿐 아니라 연령별, 성별 등 종류도 훨씬 다양하게 구비되어 있어 선물용으로 제격이다. ABC스토어보다는 K마트가 좀 더 저렴하다.

센트룸 우먼 Centrum Women

여성에게 필요한 22가지 비타민과 미네랄 제공. 면역기능, 항산화, 혈액 생성 및 피부 건강에 효능.

센트룸 실버 우먼 50+ Centrum Silver Women 50+

골다공증 예방을 위한 칼슘과 그 흡수율을 높이는 비타민D를 비롯해 비타민B(신체 활력), 항산화 물질(면역력 향상) 등 함유.

그 외 추천 제품

센트룸 실버 맨 50+ Centrum Silver Men 50+ 전립선 및 대장에 필요한 영양소를 지원하며 면역력을 강화하는 산화방지제 함유. 루테인(눈 건강)과 비타민B(신체 에너지) 등 실버 세대를 위한 맞춤 종합 비타민.

괌 필수 쇼핑템
아기용품

부담스럽지 않은 비행시간으로
임산부와 엄마들이 선호하는 여행지가 바로 괌.
괌에서 사면 좋을 저렴하고 질 좋은
아기용품 브랜드와 아이템을 모았다.

텀스 Tums

천연 소화제로 임산부도 안심하고 먹을 수 있다.

▶▶ K마트 P.150

$15.99

아쿠아퍼 베이비 수딩 오인트먼트
Aquaphor Baby Soothing Ointment

침으로 인한 입가 자극, 접히는 부위, 기저귀 자극 등 연약한 아기 피부 자극에 사용한다.

일명 침독크림. ▶▶ K마트 P.150

$16.99

데시틴 발진크림 Desitin

아기 피부에 보호층을 형성해 기저귀 발진을 완화한다. 파란색과 보라색 두 종류가 있다. ▶▶ K마트 P.150

· 파란색(Desitin Rapid Relief) 엉덩이가 빨갛게 변하기 전에 미리 발라 예방.
· 보라색(Desitin Maximum Strength) 엉덩이가 이미 빨갛거나 상태가 심할 때 사용.

$9.99

존슨즈 베이비 안전 면봉
Johnson's Baby Safety Swabs

아기의 귀지 제거에 적합한 모양의 면봉. ▶▶ K마트 P.150

$11.99

버츠비 레스큐 오인트먼트
Burt's Bees Res-Q Ointment

자극받은 피부를 진정시키는 100퍼센트 내추럴 밤. 천연성분으로 아이들이 사용하기에 적합하다.

▶▶ ABC스토어 P.152

$4.5

먼치킨 Munchkin

창의적인 베이비 라이프스타일 제품을 출시하는 미국 유아용품 브랜드. 이유식 스푼, 과즙망, 이유식 플레이트 등을 추천한다. ▶▶ K마트 P.150

과즙망 $8.99 / 양손 컵 $7.99 / 이유식 스푼 6개 $5.99
목욕 인형 $7.99 / 아기 손톱깎이 세트 $14.99

───── 그 외 추천 브랜드 ─────

· 스와들 Swaddle 알맞은 사이즈와 스와들링 기법으로 신생아에게 적합한 속싸개 브랜드.
· 닥터 브라운 Dr. Brown's 미국 소아과 의사인 브라운 박사가 직접 연구해서 만든 기능성 젖병 브랜드. 젖병뿐 아니라 치발기와 공갈젖꼭지 등이 유명하다. 공갈젖꼭지 $5.99
· 거버 Gerber 아기 목욕 수건으로 사용하기 좋은 천기저귀와 우주복이 인기 아이템이다. 천기저귀는 10매 $16.49, 4매 $9.9, 우주복은 3매 $13.49, 5매 $14.99

괌에 오면 무조건 들러야 하는 쇼핑 천국
빌리지 오브 돈키
Village of Donki

2024년 4월 25일 그랜드 오픈한 빌리지 오브 돈키는 미국령 내에 오픈한 첫 번째 'Don Don Donki(돈키호테)'이자 국내, 외 점포 중에서도 가장 큰 규모를 자랑한다. 쇼핑몰 '빌리지 오브 돈키'에는 잡화점 돈키호테를 비롯해 스시 레스토랑인 와카 사쿠라, 붕스카페, 마우이 타코스, 명란핫도그 등의 다양한 식음료 매장이 입점되어 있고 다이소와 드러그스토어 마츠모토 기요시 매장도 입점되어 있어 원스톱으로 쇼핑 및 식사가 가능하다.

일본 돈키호테의 인기 잡화 및 의약품 뿐 아니라 과일, 야채, 생선, 고기 등의 신선제품도 다양하게 판매되고 있고 지하는 위스키, 와인, 맥주, 사케 등의 주류 코너로 운영되고 있다. 괌 한정 일본 캐릭터와의 콜라보 상품이 주목해볼만 하다.

아침 6시부터 밤 12시까지 영업하고 있어 이른 아침이나 늦은 저녁 시간에 시간을 보내기 좋고 괌 공항과 가까워 공항 가기 전 마지막 코스로 방문해도 좋다.

🚶 괌 공항에서 차로 2분 📍 120 10A, Tamuning, 96913 🕐 06:00~24:00 📞 671-969-1430
🏠 www.villageofdonki.com

빌리지 오브 돈키 추천 아이템

01 TM Paint Guam Limited 티셔츠

일본 돈키호테에서는 판매하지 않고 오로지 곰 빌리지 오브 돈키에서만 한정적으로 살 수 있는 기념 티셔츠

02 일본 캐릭터와 곰의 콜라보 인형

태닝한 키티, 마이 멜로디, 포챠코 등의 일본 캐릭터와 곰의 콜라보 된 인형은 선물용으로도 좋다. 산리오 존을 별도로 운영하고 있다.

03 I ♥ Guam 관련 기념품

다양한 종류를 판매하고 있으며 ABC스토어보다 저렴하다.

04 주류

곰에서 가장 다양한 주류를 판매하고 가격도 저렴하다. 특히 위스키, 와인, 사케 등의 주류를 구입하기 좋다.

05 회, 초밥류 등 신선제품, 도시락류

곰에서 회 종류를 가장 많이 파는 마트이다. 간단히 숙소에 포장해서 먹을 회, 초밥, 도시락을 구입하기 좋다.

06 일본 의약품

당연히 일본에서 구매하는 것보다는 저렴하지 않지만 당분간 일본 여행 계획이 없다면 구매할 만하다.

07 일본 & 한국 식료품

굳이 캐리어에 라면이나 햇반 등을 싸갈 필요가 없다. 돈키호테에 가면 웬만한 한국, 일본 식료품을 모두 만나볼 수 있다.

08 특가 상품 Challenge Price

주기적으로 품목을 바꿔 진행하는 특가 상품을 노려보자. 그 어디에서도 살 수 없는 저렴한 가격으로 판매한다.

PART
03

진짜 꿈을 만나는 시간

GUAM

투몬 &
타무닝
BEST 5

01
이파오 비치에서
스노클링하기

02
건 비치에서
일몰 보며
칵테일 한잔

03
아웃렛에서
알뜰 쇼핑

04
다양한 액티비티와
워터파크 즐기기

05
가성비 좋은 호텔
뷔페 즐기기

곰 여행의 중심이자
곰 최대 번화가

투몬 & 타무닝
TUMON & TAMUNING

눈앞에 에메랄드 빛 바다가 펼쳐지고, 등 뒤로 화려한 쇼핑몰과 맛집이 모여 있는 곰 최대 번화가. 아름다운 투몬 비치와 플레저 아일랜드만 둘러봐도 곰의 절반은 본 셈이다. 가볍게 산책하며 쇼핑을 즐기거나 노을 지는 바다를 바라만 봐도 충분히 만족스럽다.

ACCESS

대부분의 호텔과 리조트는 투몬과 타무닝 지역에 밀집되어 있다. 차를 렌트하거나 트롤리 셔틀버스 등을 이용해 숙소에 체크인하는 것부터가 곰 여행의 시작!

○ 공항

　택시 혹은 렌터카 ⏱20분

○ 숙소

투몬 &
타무닝
상세 지도

12 캘리포니아 마트

요거트랜드
08
39 애플비스
코스트유레스 10

44 파이올로지 피자리아

처키 치즈 31
시나본
09
곰 프리미어 아웃렛(GPO) 01
36 루비 튜즈데이

38 킹스

18 로스타 스테이크하우스

07 로이스 레스토랑
32 피셔맨즈 코브

이파오 비치 파크 03

프로아 15

09 파티셰리 파리스코

11 페이레스 슈퍼마켓(타무닝 점)

아가냐 베이 ▶

08 호시노 리조트 워터파크

셜리스 레스토랑 37

24 카프리초사 (아가냐 쇼핑센터점)

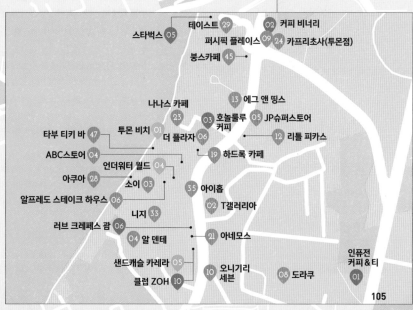

건 비치 02 · 46 더 비치 바

30 타오타오 타씨 더 비치 비비큐 디너쇼 06

마젤란 뷔페 레스토랑 30

밀라노 그릴 -라 스텔라- 05

27 카사 오세아노

08 구디스 스포팅 굿즈

투몬 만

더 크랙드 에그 14 · 01 햄브로스

스노 몬스터 04

31 조이너스 레스토랑 케야키

반 타이 20

07 투몬 샌즈 플라자 · 11 피카스 카페

마타팡 비치 파크 07 · 34

22 타코 시날로아

후지 이치방 라멘

25 본스 치킨

09 츠엉스 · 42 산정

26 PIC 선셋 BBQ

교동짬뽕 43 · 40

16 자메이칸 그릴

부가

17

02 메스클라 도스

비치인
쉬림프

03 K마트

41 세종

스타벅스 05

테이스트 29 · 02 커피 비너리

퍼시픽 플레이스 09 · 24 카프리초사(투몬점)

붕스카페 45

13 에그 앤 띵스

나나스 카페

03 호놀룰루 · 05 JP슈퍼스토어

23

커피

타부 티키 바 47 · 투몬 비치 01

더 플라자 06 · 12 리틀 피카스

ABC스토어 04

19 하드록 카페

언더워터 월드 04

아쿠아 28 · 소이 03

35 아이홉

알프레도 스테이크 하우스 06

02 T갤러리아

니지 33

러브 크레페스 괌 06

04 알 덴테

21 아네모스

샌드캐슬 카레라 05

인퓨전
커피&티

클럽 ZOH 10

10 오니기리
세븐

08 도라쿠 · 01

105

투몬 비치 Tumon Beach

아침에 눈을 떠 침대에서 에메랄드 빛 바다와 마주할 수 있다는 건 큰 축복이다. 투몬 비치를 따라 늘어선 호텔과 리조트에 투숙하면 바다를 보며 하루를 시작할 수 있다. 해변 야자수 아래 놓인 색색의 파라솔과 선베드는 호텔 투숙객 전용이지만 그렇다고 투숙객만 투몬 비치를 이용할 수 있는 건 아니다. 누구에게나 활짝 열려 있는 투몬 비치는 물살이 세지 않고 수심이 얕아 수영이 서툰 어린아이도 안전하게 놀 수 있으며 모래가 곱고 부드러워 모래놀이에도 적합하다. 스노클링 장비를 갖추고 화려한 무늬의 물고기를 만나거나, 선베드에 누워 파란 하늘과 바다를 감상하거나, 음악을 들으며 책을 읽어도 좋다. 뭐든 해도 좋고 아무것도 하지 않아도 좋은 여유를 만끽하자!

🚶 투몬 중심, 투몬 베이의 롯데호텔 괌부터 힐튼 괌 리조트 & 스파까지 이어진 해변 📍 Tumon Beach, Tamuning

···················· **TIP** ····················
저녁 무렵 투몬 비치의 일몰은 빼놓지 말고 꼭 감상하자.

건 비치 Gun Beach

'건 비치'는 제2차 세계대전 당시 일본군의 녹슨 대포가 아직 남아 있어 붙여진 이름이다. 투몬 북쪽 끝의 호텔 닛코 근처에 위치해 투몬 비치만큼 접근성이 좋진 않지만 투몬 비치보다 조용한 바다를 즐길 수 있다. 물살이 세지 않고 수심이 얕은 편이나 큰 파도와 함께 수심이 깊어지는 구간이 있으니 수영 초보는 멀리 나가지 않도록 주의해야 한다. 수심이 깊어지는 구간은 괌 최고의 스노클링, 스쿠버다이빙 포인트로 종종 거북이나 가오리도 볼 수 있다.

🚶 호텔 닛코 괌 근처, 더 비치 바 바로 앞 📍 Gun Beach, Tamuning

········· **TIP** ·········

스노클링이나 스쿠버다이빙을 할 게 아니라면 석양을 볼 수 있는 저녁 때 방문하기를 추천한다. 괌에서 가장 아름다운 일몰을 볼 수 있는 곳으로 유명하니 비치 바에 앉아 일몰과 함께 칵테일이나 맥주 한잔 곁들이면 이보다 더 낭만적일 수 없는 분위기를 만끽할 수 있다.

이파오 비치 파크 Ypao Beach Park

투몬 비치 남쪽 끝쯤인 PIC 리조트와 힐튼 리조트 사이에 위치한 공원이다. 넓은 잔디밭이 해변까지 연결되어 있어 온 가족이 즐기기에 더할 나위 없다. 햇빛을 가려주는 지붕 밑 테이블과 바비큐 시설, 어린이 놀이터, 화장실과 샤워 시설 등을 모두 무료로 이용할 수 있어 관광객뿐 아니라 현지인에게도 사랑받는 공원이다. 이파오 비치는 수심이 얕고 물살이 세지 않으면서도 수중환경이 훌륭한 편이라 초보자가 스노클링을 즐기기 좋다. 해변에서 몇 발짝만 걸어 나가도 알록달록한 열대어를 볼 수 있고, 안전요원이 상주하고 있으며 물놀이 시설도 대여할 수 있다. 투몬 비치보다 조용한 곳을 원한다면 이파오 비치를 추천한다. 물놀이 후에 공원에서 즐기는 셀프 바비큐는 조금의 번거로움만 감수한다면 잊지 못할 추억을 만들어줄 것이다. 'GUAM'이라고 큼지막하게 쓰인 조형물이 바다를 배경으로 자리 잡고 있으니 인증샷을 꼭 남겨보자.

🚶 PIC와 힐튼 괌 리조트 & 스파 사이　📍 Ypao Beack Park, Pale San Vitores Rd, Tamuning
🕐 07:00~18:00(18시 이후 차량 진입 금지)

───────────────── TIP ─────────────────
저녁 6시부터 아침 7시까지 공원 내 차량 진입이 금지되므로 근처에 주차한 후 걸어 들어가야 한다.

언더워터 월드 Underwater World

괌의 바다를 경험하는 가장 좋은 방법은 직접 바닷속으로 들어가는 것이지만 스노클링이나 스쿠버다이빙을 못해도 걱정할 필요는 없다. 괌의 아름다운 바다를 그대로 옮겨놓은 듯한 아쿠아리움 '언더워터 월드'가 있으니까. 100미터 길이의 수중 터널에 들어서면 머리 위 좌우 180도로 펼쳐지는 풍경에 가오리, 거북이, 상어를 비롯한 다양한 종의 수중생물을 한자리에서 볼 수 있다. 터널 끝의 에스컬레이터를 이용해 2층으로 올라가면 쏠배감펭(라이언피시), 흰동가리, 해파리 등 해양생물을 자세히 볼 수 있는 수족관이 있다. 조금 더 특별한 체험을 원한다면 씨트렉(SeaTREK)과 스쿠버다이빙 프로그램을 이용해보자. 다이빙 프로그램은 오전 10시, 11시 30분 2회 운영되며 가격은 성인 $129, 어린이 $115(8~11세)로 입장권이 포함되어 있다(예약 필수).

🚶 T갤러리아 맞은편 📍 1245 Pale San Vitores Rd, Tamuning
🕙 10:00~18:00 💲 성인 $30, 어린이 $20 📞 671-649-9191
🏠 www.uwwguam.com

샌드캐슬 카레라 Sandcastle Karera

투몬 중심가에 위치한 전용 극장 샌드캐슬에서 펼쳐지는 카레라는 괌에서 가장 큰 규모의 쇼이다. 모든 연령대가 관람할 수 있는 가족 친화적인 라이브 쇼를 통해 불가사의한 모험 세계로 떠나보자. 카레라 쇼에서는 이국적인 불춤, 숨막히는 곡예, 라이브 음악가와 다양한 특수 효과가 가미된 세계적 수준의 멀티미디어 쇼를 감상할 수 있다. 공연이 끝나면 화려한 샹들리에가 돋보이는 로비에서 출연자와 기념 촬영을 할 수 있으니 특별한 추억을 남겨 봐도 좋겠다. 디너 쇼 패키지를 선택하면 괌 최초의 지중해 레스토랑인 아네모스(Anemos)의 코스 세트를 할인된 가격으로 이용할 수 있다.

🚶 하얏트 리젠시 괌 호텔 옆, DFS T 갤러리아 건너편 투몬의 샌드캐슬 극장에 위치
📍 SandCastle 1199, Pale San Vitores Rd, Tumon ⏱ 19:15 21:10, ✈ 일요일 휴무
💲 성인 $99~, 어린이(만 2~11세) $50~ 📞 671-646-8000
🏠 bestguamtours.com/shows/karera-guam

··· TIP ···
좌석 종류 및 디너 패키지 포함 여부에 따라 가격이 달라지니 예산에 맞춰 꼼꼼히 알아보고 예약하도록 하자.

타오타오 타씨 더 비치 바비큐 디너쇼 Taotao Tasi the Beach BBQ Dinner Show

500명을 수용할 수 있는 커다란 공연장 뒤로 건 비치의 석양이 그림처럼 펼쳐진다. 공연 주제는 '바다의 사람들' 인데 태평양 섬으로 떠나는 차모로 민족의 긴 여정을 그리고 있다. 별다른 대사 없이 연기자들의 표정만으로 이야기가 흘러가기 때문에 영어에 자신 없어도 공연 감상에 큰 무리가 없다. 30명 넘는 출연진이 폴리네시안 댄스, 사모안 댄스, 파이어 댄스까지 다양한 공연을 1시간 동안 펼친다. 공연이 끝나면 무대 주변에서 출연자들과 기념 촬영을 할 수 있으니 추억을 남겨보자. 티켓은 공연만 감상할 수 있는 티켓, 공연 시작 전에 다양한 해산물과 바비큐로 차려진 디너를 함께 이용할 수 있는 티켓으로 구분되어 있다. 음식은 가격에 비해 썩 맛있는 편은 아니니 큰 기대는 하지 않는 게 좋다.

🚶 호텔 닛코 괌 옆 건 비치 📍 Gun Beach, Tumuning
🕐 바비큐 18:15~, 공연 19:30~20:30, 수요일, 일요일 휴무
$ **공연**(식사 및 호텔 왕복수송 제외) 성인 $72~, 어린이(만 6~11세) $25, **바비큐+공연**(호텔 왕복수송 포함) 성인 $108~, 어린이(만 6~11세) $45 📞 070-7838-0166(한국 예약센터)
🏠 bestguamtours.kr/shows/taotao-tasi

.... TIP ....
공연만 감상하는 티켓으로는 호텔 왕복수송 서비스를 이용할 수 없으며 공연장 좌석도 후방이나 가장자리로 배정될 수 있으니 참고할 것.

마타팡 비치 파크 Matapang Beach Park

홀리데이 리조트 옆 골목을 따라 들어가면 현지 조정 팀이 사용하는 색색의 카누가 보이고 바로 옆에 자그마한 동물원이 있다. 그 길의 끝에서 만날 수 있는 마타팡 비치는 관광객보다는 현지인이 주로 이용하는 곳으로 주말이면 바비큐 굽는 냄새가 진동한다. 투몬 비치보다 소담하지만 안전요원이 상주하고 있어 조용히 물놀이를 즐기기에 좋다.

🚶 홀리데이 리조트 & 스파 괌 앞 📍Matapang Beach Park, Frank H. Cushing Way, Tamuning

호시노 리조트 워터파크 Hoshino Resort Water Park

호시노 리조트 투숙객은 무료로 이용할 수 있고, 투숙객이 아니더라도 별도의 입장료를 지불하고 이용할 수 있는 워터파크다. 괌에서 가장 규모가 크고 시설이 다양하다. 총 다섯 개의 워터 슬라이드, 인공파도 풀, 짚라인 등 여러 시설을 갖추고 있다.

🚶 호시노 리조트 내 📍445 Gov Carlos G Camacho Rd, Tamuning 🕐09:30~17:30 💲성인 $55, 어린이(만 5~11세) $30 📞671-647-7765 🏠hoshinoresorts.com

-------- **TIP** --------
호시노 리조트 워터파크의 자랑 '만타 슬라이드'는 12미터 높이에서 튜브를 타고 아래가 보이지 않는 채로 수직 급강하를 하게 되는 스릴 만점의 슬라이드이니 놓치지 말자.

수제 버거

곽에서 반드시 한 번은 먹게 되는 메뉴가 바로 수제 버거.

01 곽 no. 1 수제 버거

햄브로스 Hambros

곽에서 가장 맛있는 수제 버거를 맛볼 수 있는 전문점. 새우 씹는 맛이 일품인 구운 통새우 버거와 아보카도가 듬뿍 들어간 아보카도 버거가 추천 메뉴. 패티는 미디엄웰던으로 기본 제공되며 특별히 원하는 익힘 정도가 있으면 주문 시 요청할 수 있다.

🏃 투몬 샌즈 플라자 옆 📍 1108 Pale San Vitores Rd, Tamuning 📞 671-646-2767 🕐 11:00~20:30(일, 월, 수, 목요일), 11:00~21:30(금, 토요일), 화요일 휴무 💲 햄버거 $12.5~, 사이드, 샐러드 $9~ 🍴 그릴드 쉬림프 버거 $12.5, 아보카도 버거+와사비 마요네즈 $13.5 🏠 www.facebook.com/HambrosGuam

······· **TIP** ·······
6달러를 추가하면 사이드 메뉴와 음료수가 포함된 세트로 이용할 수 있는데, 사이드는 고구마튀김과 양파튀김을 특히 추천한다.

02 주문과 동시에 만드는 수제 버거

메스클라 도스 Meskla Dos

K마트 앞 사거리, 허름해 보이는 건물이지만 곽에서 인기몰이를 하고 있는 수제 버거 전문점이다. 주문과 동시에 요리가 시작되기 때문에 다소 시간이 걸리는 편이지만 갓 나온 버거를 맛있게 먹을 수 있다. 두툼하고 육즙이 살아 있는 수제 패티와 특제 소스 시즈닝이 돋보이는 다양한 버거가 있는데, 그중에서도 통통한 새우살과 매콤한 소스가 기막히게 어울리는 쉬림프 버거가 가장 인기다. 번은 바질(Basil) 또는 세사미(Sesame) 중에서 선택할 수 있다.

🏃 1호점 K마트 대각선 맞은편, 2호점 곽 리프호텔 맞은편 📍 1호점 413 A&B N. Marine Corps. Dr, 14A Tamuning, 2호점 1352 Pale San Vitores Rd, Tumon 📞 1호점 671-646-6295, 2호점 671-647-6296 🕐 11:00~21:00 💲 쿠테스 치즈 버거 $11.5, 우항 쉬림프 버거 $12.5 🏠 www.mesklados.com

······· **TIP** ·······
버거를 주문하면 감자튀김이 기본으로 제공되는데 1달러를 추가로 지불하면 어니언링으로 교체할 수 있다.

03　투몬 비치 전망의 타이 레스토랑

소이 Soi

투몬 비치를 정면으로 마주하고 있어 전망이 빼어나며 타이의 세련된 카페에
온 듯한 인테리어도 훌륭하다. 분위기나 전망에 비해 가격은 합리적인 편이라
부담스럽지 않게 이용할 수 있다. 햄버거나 스테이크 등 느끼한 음식에 질릴 때
쯤 방문하면 좋다. 탱글탱글한 새우 씹는 맛이 일품인 팟타이는 꼭 먹어보자.

🏃 두짓타니 괌 리조트 R층　📍 1227 Pale San Vitores Rd, Tamuning
📞 671-648-8000　🕐 17:00~21:00　💲 애피타이저 $18~, 메인 $20~ (별도 +10%)
🍴 새우 팟타이 $28, 그린파파야 샐러드 $18 (별도 +10%)
🏠 www.dusit.com/dusitthani/guamresort/ko/dining/soi

04　하얏트 리젠시의 이탈리안 레스토랑

알 덴테 Al Dente

애피타이저부터 알 덴테만의 홈메이드 파스타, 화덕에서 구워내는 피자, 앵거
스 비프로 만든 스테이크 등 전체적으로 음식 맛과 분위기가 훌륭하다. Fresco
65, Cucina 75라는 이름으로 샐러드와 수프, 메인, 디저트 등으로 구성된 세트
메뉴가 괜찮은데, 랍스터가 듬뿍 들어간 레지네테 네레(Reginette Nere) 파스
타를 특히 추천한다. 현재는 금, 토요일 주말에만 운영 중
이다.

🏃 하얏트 리젠시 괌 1층　📍 1155 Pale San Vitores Rd,
Tamuning　📞 671-647-1234　🕐 11:00~22:00　💲 애피타이저
$14~, 파스타 $23~, 피자 $24~, 메인 $30~ (별도 +10%)　🍴 레
지네테 네레 파스타 $30 (별도 +10%)　🏠 www.hyatt.com/ko-
KR/hotel/micronesia/hyatt-regency-guam/guamh/dining

밀라노 그릴 -라 스텔라- Milano Grill -La Stella-

밀라노그릴 -라 스텔라-는 더 츠바키
타워 27층에 위치한 고급 이탈리
안 레스토랑이다. 이탈리아어로
'별(La Stella)'이라는 뜻을 담고
있는 만큼 별을 형상화한 라이트
가 곳곳에 있는데, 마치 별빛 아래서
만찬을 즐기는 듯한 분위기를 보여준다.

아름다운 전망과 훌륭한 음식 맛, 고급스러운 분위기와 서비스
까지 흠잡을 데가 없다. 코스 메뉴 가격이 부담스럽다면 단품으
로도 주문할 수 있어 부담이 덜하다. 사전 예약이 필수이며 테
이블 수가 많지 않은 편이니 특별한 저녁 식사를 원한다면 전화
또는 이메일로 예약하자. 반바지, 슬리퍼 차림은 입장이 제한되
며 12세 이하의 어린이는 입장할 수 없다.

🏃 더 츠바키 타워 27층 📍 241 Gun Beach Road, Tumon
📞 671-969-5200 🕐 18:00~22:00(일·화요일 휴무)
$ 코스 $160~, 파스타 $35~, 메인 $55~ (별도 +10%)
🏠 thetsubakitower.co.kr/portfolio/millano-grill-la-stella

알프레도 스테이크하우스 Alfredo's Steakhouse

오랜 기간 트립어드바이저 괌 소재 레스토랑 1위를 차지해온 알프레도 스테이크하우스. 숙성된 시즐링 스테이크를 비롯해 씨푸드, 파스타 등 다양한 음식을 맛볼 수 있다. 가격은 다소 비싼 편이지만 전망, 분위기, 맛, 서비스 뭐 하나 뒤지지 않는 괌 최고의 레스토랑이다. 단품요리뿐 아니라 샐러드, 스프, 스테이크 등으로 구성된 세트 메뉴도 판매하니 예산에 맞게 이용하면 된다. 아름답게 물들어가는 하늘과 투몬 비치를 보며 먹는 맛있는 음식과 와인은 괌 여행 최고의 추억으로 남을 것이다. 조금 더 특별한 저녁식사를 원한다면 미리 창가 자리를 예약하자.

🚶 두짓타니 괌 리조트 R층 📍 1227 Pale San Vitores Rd, Tamuning 📞 671-648-8000
🕐 17:00~21:00 💲 스타터 $18~, 메인 $44~ (별도 +10%) 🍴 립아이 스테이크 $80 (별도 +10%)
🏠 www.dusit.com/dusitthani/guamresort/ko/dining/alfredos-steakhouse

07   스테이크 맛집으로 유명한 파인 다이닝

로이스 레스토랑 Roy's Restaurant

로이스 레스토랑은 힐튼 괌 리조트 & 스파에 위치한 고급 레스토랑으로, 퍼시픽 데일리 뉴스에서 매년 분야별로 최고의 스폿을 선정하는 'pika's best of guam'에서 2020년부터 2023년까지 4년 연속 수상 경력을 가지고 있는 곳이다. 해산물과 육류 등의 메인이 포함된 코스 메뉴 및 단품 주문이 가능한데, 특히 음료와 빵이 포함된 3코스 런치 메뉴는 가성비가 좋기로 유명해 관광객 뿐 아니라 현지인들에게도 인기가 많다. 부담스럽지 않은 금액으로 분위기 좋은 호텔 파인 다이닝 레스토랑을 이용해 보고 싶다면 점심 시간대에 방문해 런치 코스 메뉴를 이용해보자. 오픈테이블에서 예약이 가능하다.

🏃 힐튼 괌 리조트 & 스파 로비 📍 202 Hilton Road, Tumon
📞 671-646-3463 🕐 런치 11:00~14:00(일~금), 디너 17:30~
21:00(일~목), 17:30~22:00(금·토요일) 💲 런치 $38, 애피타이저
$18~, 메인 $39~, 디저트 $14 (별도 +10%)

파인 다이닝 이용법

파인 다이닝(Fine Dining)이란 고급 정찬을 그에 걸맞은 서비스를 통해 즐기는 과정 전체를 말한다.
파인 다이닝 레스토랑에서는 훈련받은 서비스 담당자와 전문 소믈리에가
수준 높고 정중한 풀 테이블 서비스를 제공하며, 고객에게 드레스코드를 요청하기도 한다.
괌은 휴양지이기 때문에 파인 다이닝이라 해도 다른 지역에 비해 드레스코드가 그리 엄격한 편은 아니다.
그래도 멋진 서비스를 제공받는 만큼 예의를 갖춰 식사를 즐기도록 하자.

드레스코드

여성 원피스 또는 블라우스에 스커트, 샌들 정도면 적당하다. 민소매나 핫팬츠, 플립플롭이나 슬리퍼는 피하는 게 좋다.

남성 폴로셔츠에 면바지, 발가락이 보이지 않는 신발이면 적당하다. 민소매나 반바지, 발가락이 보이는 신발은 피하는 게 좋다.

식사 중

기본적인 테이블 매너 및 식기 사용법

1 냅킨은 두 겹 접힌 상태로 무릎 위에 올려놓는다.

2 포크와 나이프는 바깥쪽부터 안쪽으로 하나씩 사용한다.

3 포크와 나이프를 접시 위에 八 자로 놓으면 식사 중임을 의미하고, 한쪽으로 가지런히 모아놓으면 식사가 끝났음을 의미한다.

4 빵은 음식과 음식 사이에 입을 헹궈주는 용도이며 손으로 조금씩 뜯어 먹는다.

5 '우물좌빵'을 기억하자. 물은 오른쪽, 빵은 왼쪽에 있는 게 내 것이다. 테이블에서 여러 명이 함께 식사할 때 다른 사람의 물이나 빵을 먹지 않도록 주의하자.

6 식사 중 잠시 자리를 비울 경우 사용하던 냅킨은 의자 위에 올려둔다. 식사를 마치고 자리를 떠날 때는 냅킨을 테이블 위에 올려놓는다.

식사 끝

테이블 세팅

이용 순서
(바깥쪽에서 안쪽으로)

나

119

저렴하지만 실속 있는 한 끼, 로컬 맛집

현지인 사이에서 해외여행의 기분을 한껏 내보고 싶은 분들에게 추천한다.
유명세가 덜한 만큼 저렴한 가격과 푸짐한 양은 덤!

08   괌에서 맛보는 일본 음식

도라쿠 Doraku

기름지고 느끼한 음식들에 살짝 질렸다면 일본 음식으로 입맛을 살려보자.
신선한 회가 듬뿍 들어간 씨푸드 샐러드와 살짝 매콤한 맛의 튜
나 롤이 특히 맛있고 우동, 오징어튀김도 인기 메뉴다. 관광
객들에게 아직 알려지지 않았지만 이미 현지 교민 사이
에서 맛집으로 유명하니 원하는 시간에 이용하고 싶다
면 미리 예약하는 게 좋다.

🚶 피아 리조트 호텔 1층 📍 270 Chichirica St, Tamuning
📞 671-646-4649 🕐 18:00~21:00, 일요일 휴무 💲 사이
드 메뉴 $4.5~, 사시미 $20~, 면 $9~, 샐러드 $11~, 스시롤
$4~ 🍴 프레시 씨푸드 샐러드 $16, 스파이시 튜나롤 $4, 스시
세트 $30

------ **TIP** ------
피아 호텔(Pia Resort Hotel) 리조트 1층에 위치하나 리조트 주차
장은 이용할 수 없으니 주의하자.

츠엉스 Truong's

위치가 다소 애매하지만 일부러 찾아가도 좋을 만큼 가격도 저렴하고 맛있는 베트남 식당이다. 치킨, 포크, 비프 등 다양한 메뉴가 있지만 인기 메뉴는 단연 시원한 국물 맛이 돋보이는 새우 쌀국수와 쌈채소 위에 잘 튀겨진 튀김과 숙주나물을 넣어 싸 먹는 스프링롤 룸피아(Lumpia)다. 바삭한 튀김과 아삭한 채소의 식감에 소스가 더해져 누가 먹어도 호불호가 크게 갈리지 않고 맛있다.

.... **TIP** ....
베트남 주인 부부의 넉넉한 인심에 양이 제법 많은 편이니 너무 많이 주문하지 않도록 하자.

🚶 K마트에서 약 1km　♥ 311 E Harmon Industrial Park Rd, Tamuning　📞 671-646-1207　🕐 11:00~20:00　$ 애피타이저 $8.95~16.95, 쌀국수 $10.95~13.95, 새우요리 $12.95, 볶음밥 $10.95~14.95, 소고기 요리 $11.95~20.95　🍴 쉬림프 누들 수프 $10.95, 프라이드 룸피아 $9.95, 츠엉스 스페셜 쉬림프 프라이드 라이스 $10.95

10 한 끼 정도는 도시락 싸서 피크닉

오니기리 세븐 Onigiri Seven

고급스런 레스토랑 식사도 좋지만 한 끼 정도는 에메랄드 빛 바닷가에 앉아 맥주 한 캔을 곁들여 도시락을 먹는 것도 괌을 즐기는 낭만적인 방법이다. 오니기리 세븐은 하얏트 리젠시 맞은편에 위치해 접근성이 좋은 테이크아웃 전문점으로 일본인이 운영한다. 다양한 오니기리가 대표 메뉴지만 그 밖에 스시 벤또와 우동, 다양한 덮밥류도 판매한다. 저렴한 가격으로 꽤 만족스런 식사를 할 수 있는 곳으로 아는 사람은 다 아는 곳.

🚶 하얏트 리젠시 괌 맞은편
♥ 1275 Pale San Vitores Rd, Tumon
📞 671-649-7775　🕐 08:00~21:00, 연중무휴　$ 오니기리 $2~2.75, 덮밥류 $4~8.5, 우동 $6　🍴 튜나 포케볼 $6.5, 야키니쿠 포크 오니기리 $2, 비프볼(규동) $8.5

가볍게 브런치 즐기기 좋은 곳

호텔의 꽃은 조식이라고 했던가! 그러나 여행까지 와서 꼬박꼬박 아침을 챙겨 먹기 힘들다면
과감히 호텔을 조식 불포함으로 예약하고 느긋하게 브런치를 즐기는 건 어떨까?

11 로코모코가 맛있는 곳

피카스 카페 Pikas Cafe

맛, 양, 값 모두 만족스러운 곳. 위치가 다소 애매해서 렌터카 이용자가 아니라
면 찾아가기 어렵다는 게 유일한 단점이다. 현지인에게 많은 사랑을 받는 곳인
데 점점 입소문을 타면서 관광객의 발길도 늘고 있다. 밥 위에 햄버거 패티와 진
한 그레이비소스, 서니사이드업 에그가 얹어진 로코모코는 꼭 먹어보자. 살짝
느끼하다면 함께 제공되는 매콤한 디난시(Dinanche) 소스를 곁
들이면 좋다. 이른 아침 문을 열어 오후 3시에 닫는다.

🚶 세인트 존 스쿨 맞은편, K마트에서 차로 2분 📍 Star
Bldg, 888 N S Marine Corps Dr, Tamuning 📞 671-
647-7452 🕐 07:30~15:00 🍴 베네딕트 차모로
$17, 로코모코 $19, 깔루아 프렌치토스트 $11.5 (별도
+10%) 🏠 www.pikascafeguam.com

12 배틀트립에 나온 브런치 카페

리틀 피카스 Little Pikas

렌터카가 없어서 피카스 카페를 찾아가기 어렵
다면 JP슈퍼스토어 바로 옆에 있는 피카스 카
페 2호점, 리틀 피카스를 이용해보자. 실내
좌석뿐 아니라 야외 테라스 좌석도 마련
되어 브런치 기분을 제대로 느낄 수 있
다. 〈배틀트립〉 괌 편에 소개되면서 한
국인 관광객에게 인기가 많다. 1호점과
달리 늦은 저녁까지 영업을 해서 여유 있게 이용할
수 있다.

🚶 JP슈퍼스토어 옆 📍 1300 Pale San Vitores Rd,
Tamuning 📞 671-647-7522 🕐 07:30~20:00
🍴 베네딕트 차모로 $17, 로코모코 $19, 깔루아 프렌치토스
트 $11.5 (별도 +10%) 🏠 www.pikascafeguam.com

-------- TIP --------
메뉴는 피카스 카페와 거의 동일하나 일부 메뉴는 조금 더 비
싸기도 하니 참고하자.

에그 앤 띵스 Eggs 'n Things

1974년 하와이에 처음 오픈해 큰 인기를 끈 이후 괌에도 지점을 열어 성업 중이다. 휘핑크림이 듬뿍 올라간 팬케이크가 주 메뉴로 다른 곳보다 휘핑크림의 양이 많아 비주얼이 훌륭하다. 화려한 비주얼에 비하면 맛은 다소 평범해 개인의 입맛에 따라 호불호가 갈릴 수 있으니 참고하자. 입구에서 미리 주문과 결제를 완료하고 레스토랑에 들어가는 특이한 시스템이며, 인기에 걸맞게 오전에는 늘 사람이 많아 오래 기다려야 할 수도 있다.

◆ 현재 화재로 인해 임시 휴업 중인데, 공사 후 재오픈 예정이다.

🚶 괌 리프 & 올리브 스파 리조트 옆 📍 1317 Pale San Vitores Rd, Tamuning 📞 671-648-3447 🕐 07:00~14:00, 16:00~23:00 💲 아히+에그 $10~13.5, 메인 $10~19.5, 세트 $28.5~31 (별도 +10%) 🍴 스트로베리 휘핑크림+마카다미아 너트 $13, 프레시 바나나 휘핑크림+마카다미아 너트 $13, 크랩 케이크 에그 베네딕트 $14.5 (별도 +10%) 🏠 www.eggsnthingsguam.com

더 크랙드 에그 The Kracked Egg

레스토랑 이름답게 다양한 달걀요리는 물론, 팬케이크, 와플, 프렌치토스트 등 브런치 메뉴를 부담 없는 가격으로 즐길 수 있다. 한국인 관광객보다는 일본인과 현지인에게 더 인기 있는 레스토랑이다. 요일에 따라 영업시간이 다르니 시간을 잘 확인하고 방문해야 한다.

🚶 투몬 샌즈 플라자 맞은편 📍 1051 Pale San Vitores Rd, Tamuning 📞 671-648-0881 🕐 07:00~14:00 💲 프렌치토스트 $9.95~ 🍴 버터밀크 팬케이크 $8.95, 클래식 프렌치토스트 $9.95, SOS로코모코 $16.95 🏠 www.instagram.com/thekrackedegg

세계요리

다양한 문화권의 사람들이 거주하는 미국령 휴양지답게, 괌에서는 다채로운 세계요리를 맛볼 수 있다.

15 괌을 대표하는 차모로 레스토랑

프로아 Proa

스페인어로 뱃머리를 뜻하는 '프로아'라는 이름처럼 레스토랑의 로고도 범선을 본떴다. 웨이팅이 있을 만큼 인기가 많은 맛집으로 손꼽힌다. 그러나 메뉴 대부분이 스테이크나 바비큐 종류라 대단히 특별하진 않다는 평도 많으니 참고하자. 바비큐를 주문하면 곁들이ㅏ오는 밥은 퇴이드 또는 레드 중에서 선택할 수 있다. 차모로 레스토랑에 왔으니 기왕이면 차모로식인 레드라이스를 주문해보자.

🏃 이파오 비치 파크 초입 📍429 Pale San Vitores Rd, Tumon 📞 671-646-7762 🕐 11:00~14:00, 17:00~21:00 💲 BBQ $20.95~, 디저트 $7.95 ✖ 립아이 스테이크 10oz $28.95, 빅 펠러 트리오 $24.95 (별도 +10%) 🏠 www.facebook.com/proaguam

·· **TIP**
사람이 늘 많은 편이니 미리 예약하는 게 좋다.

16 이국적인 자메이카 분위기를 즐기고 싶다면

자메이칸 그릴 Jamaican Grill

간판부터 실내 인테리어, 접시와 작은 소품까지 하나하나 자메이카를 연상케 하는 분위기에 경쾌한 레게음악이 흘러나와 이국적인 느낌이 든다. 자메이카 사람들에게 사랑받는 전통 저크(Jerk) 소스를 이용한 치킨 및 고기 요리가 대표 메뉴다. 세트 메뉴를 주문하면 레드라이스, 치킨 켈라구엔(Kelaguen), 샐러드, 아이스크림 디저트가 포함되어 푸짐하다. 가격이 합리적이며 양이 많아 인기가 많지만 맛은 다소 실망스럽다는 평도 있으니 참고할 것.

🏃 1호점 PIC 맞은편, 2호점 차모로 야시장 📍1호점 288 Pale San Vitores Rd, Tumon, 2호점 Chamorro Village, Hagåtña, 96910 괌 📞1호점 671-647-4000, 2호점 671-472-2000 🕐 1호점 10:00~21:00, 2호점 10:00~20:00 💲 립 $13.95~16.25, 세트 $25~36 (별도 +10%) ✖ 저크 치킨+립 콤보 $16.95 (별도 +10%) 🏠 www.jamaicangrill.com

비치인 쉬림프 Beachin' Shrimp

새우에 차모로식이 결합된 일부 메뉴는 호불호가 갈릴 수 있지만 대체로 누가 먹어도 맛있는 요리들을 판매하고 있는 새우요리 전문점이다. 대표 메뉴는 코코넛 튀김옷을 입혀 바삭하게 튀겨낸 코코넛 쉬림프와 매콤한 감바스. 1호점은 투몬 중심가에 위치하고 있어 접근성 또한 좋다. 2호점과 3호점은 PIC 리조트 맞은편과 마이크로네시아몰에 있다.

🚶 1호점 T갤러리아 맞은편 더 플라자 1층, 2호점 PIC 맞은편 📍 1호점 1225 Pale San Vitores Rd, Tamuning, 2호점 210 Pale San Vitores Rd, Tamuning 📞 671-642-3224 🕐 10:00~21:00 💲 새우요리 $17.99~, 랍스터 파스타 $30.99 (별도 +10%) 🍴 코코넛 쉬림프 $20.99, 감바스 알아히요 $18.99 (별도 +10%)

론스타 스테이크하우스 Lonestar Steakhouse

미 서부 개척 시대를 모티프로 한 투박한 분위기의 레스토랑이다. 분위기뿐 아니라 스테이크도 미국 본토의 스테이크를 표방하고 있어 합리적인 가격에 육즙 가득한 스테이크를 맛볼 수 있다. 스테이크 메뉴가 단연 대표적이나 여러 메뉴가 궁금하다면 다른 그릴 메뉴와 함께 맛볼 수 있는 콤보를 추천한다. 또한 양파를 꽃처럼 잘라 튀긴 텍사스 텀블위드(Texas Tumbleweed)는 맛도 좋고 인증샷 남기기도 좋아 인기.

🚶 GPO 근처, 차로 1분 📍 615 Marine Corps Dr, Tamuning 📞 671-646-6061 🕐 11:00~22:00 💲 스테이크 $26~, 콤보 $30~ (별도 +10%) 🍴 텍사스 텀블위드 $12, 본 인 립아이 $65 (별도 +10%)

하드록 카페 Hard Rock Cafe

더 플라자 쇼핑센터에서 커다란 기타가 걸린 건물을 따라 들어서면 천장에 매달려 있는 실물 크기의 자동차를 볼 수 있다. 로큰롤을 콘셉트로 한 글로벌 체인 레스토랑답게 세계적인 뮤지션들의 악기와 소장품이 인테리어 소품으로 활용되어 보는 재미가 있다. 다양한 메뉴가 있는데, 특히 두툼한 패티가 들어간 버거와 지글거리는 철판에 먹음직스럽게 제공되는 멕시코 음식 파히타(fajita)를 추천한다. 1층 기념품숍에서는 티셔츠, 컵, 인형 등 관련 상품을 판매한다.

🏃 T갤러리아 맞은편 더 플라자 2층
📍 1273 Pale San Vitores Rd, Tumuning
📞 671-648-7625 🕐 11:30~22:00
💲 스타터 14.95~, 버거 $15.95~, 스테이크+씨푸드 세트 $59.95~ (별도 +15%)
✖️ 오리지널 레전더리 버거 $19.95, 그릴드 쉬림프 파히타 $27.95 (별도 +15%) 🏠 www.hardrockcafe.com/location/guam

반 타이 Ban Thai

현지인들에게 인기 높은 타이 음식 전문점. 〈배틀트립〉에 소개되면서 한국인 관광객도 많아졌다. 런치는 뷔페식으로 원하는 음식을 골라 먹을 수 있지만 음식의 가짓수가 많지 않아, 단품 주문이 가능한 저녁시간에 방문하는 걸 추천한다. 통통한 새우와 아삭한 숙주로 맛을 낸 팟타이, 새콤달콤한 그린 파파야 샐러드를 비롯해 음식이 전반직으로 맛깔나다.

🏃 아칸타 몰 건너편
📍 971 Pale San Vitores Rd, Tamuning
📞 671-649-2437 🕐 11:00~14:00,
16:30~20:30(금, 토요일만 ~21:00), 화요일 휴무 💲 런치뷔페 성인 $19.95, 소인 $12.95(일요일 런치 뷔페 없음), 애피타이저 $11.5~, 메인 $12.5~ (별도 +10%)
✖️ 새우 팟타이 $17.5, 그린파파야 샐러드 $11.5 (별도 +10%)
🏠 www.banthaiguam.com

아네모스 Anemos

그리스어로 '바람'이라는 뜻의 아네모스는 괌 최초의 정통 지중해 레스토랑이다. 그리스 출신 셰프가 그리스와 기타 유럽에서 직접 공수한 식재료에 현지 농부가 생산한 농산물을 더해 신선한 지중해식 요리를 제공한다. 아네모스라는 이름과 어울리는 살랑살랑 경쾌한 실내외 인테리어도 돋보인다. 샌드캐슬 카레라쇼 디너쇼 디너 패키지를 이용하면 아네모스의 세트 메뉴를 할인된 금액으로 이용할 수 있다.

🚶 샌드캐슬 극장 옆 📍 1199 Pale San Vitores Rd, Tumon 📞 671-488-5018 🕐 11:30~22:00(수요일 휴무) 💲 그릭샐러드 $15, 애피타이저 $15~, 메인 $18~, 세트메뉴 $35~ (별도 +10%) 🏠 bestguamtours.com/bars-clubs/anemos

타코 시날로아 Tacos Sinaloa

한국인 관광객보다는 현지인들에게 더 인기가 많은 로컬 맛집으로 오픈 시간인 12시 전부터 줄서 있는 현지인들을 쉽게 볼 수 있다. 인기 메뉴는 큼직한 새우가 들어간 타코와 브리토 멕시카노이며, 대부분의 메뉴에 고수가 들어가니 원하지 않으면 주문 시, 'No Cilantro, please'라고 말하자. 전형적인 로컬 분위기로 대단한 인테리어는 아니지만 멕시코 음식이 먹고 싶을 때 가볼 만하다.

🚶 하얏트 리젠시 괌에서 도보 7분 📍 La Isla Plaza, 1010 Pale San Vitores Rd Suite 102, Tumon 📞 671-648-8226 🕐 12:00~21:00(월요일 휴무) 💲 타코 $4.95~, 타코 플래터 $27.95, 브리또 $14.95

나나스 카페 Nana's Cafe

이름은 카페지만 스테이크, 바비큐, 파스타 등 다양한 음식을 선보이는 레스토랑이다. 위치가 좋아 투몬 근처 호텔 이용자들의 방문률이 높다. 예전엔 이른 아침부터 영업해 조식이나 브런치를 즐기기 좋았는데, 현재는 점심과 저녁에만 영업 중이다. 분위기와 맛은 평범한 편이다.

🚶 더 플라자와 괌 리프 호텔 사이 📍 152 San Vitores Ln, Tamuning 📞 671-649-7760 🕐 런치 11:30~14:00, 디너 17:30~21:00 💲 스타터 $13~, 메인 $22~ (별도 +10%) ✖ 스테이크 & 랍스터 $48 (별도 +10%) 🏠 http://www.guamplaza.kr/y_beach/dining2.asp#DINING2

카프리초사 Capricciosa

일본에 본점을 둔 캐주얼한 분위기의 이탈리안 레스토랑. 1991년 괌에 첫 해외 매장을 연 뒤로 지금은 괌에 퍼시픽 플레이스점, 아가냐 쇼핑센터점 2개 지점이 있다. 햄버거나 스테이크 같은 미국 음식보다 조금 더 가벼운 식사를 원할 때 찾으면 좋다. 맛은 평범하지만 스파게티의 양이 엄청나게 푸짐한 것으로 유명하다. 이딜리아에서 직접 수입한 토마토를 베이스로 한 피자가 특히 인기 있다.

📍 퍼시픽 플레이스점(투몬점) 1411 Pale San Vitores Rd, Tamuning, 아가냐 쇼핑센터점 302 South Route 4 Suite 100, Hagatna 📞 투몬점 671-647-3746, 아가냐 쇼핑센터점 671-472-1009 🕐 퍼시픽 플레이스점(투몬점) 11:00~21:00, 아가냐 쇼핑센터점 11:00~21:00 💲 애피타이저 $11.75~, 피자 $14.25~, 스파게티 $21.75~ (별도 +10%) ✖ 카프리초사 피자 $15.50, 씨푸드 스파게티 $23.25 (별도 +10%) 🏠 www.capricciosa.com

본스 치킨 Vons Chicken

본스 치킨은 우리나라뿐 아니라 미국, 호주, 괌 등 해외 지사 여
덟 곳에서 여러 점포를 운영하고 있는 글로벌 치킨 전문점이다.
괌에서 한국식 치맥을 먹고 싶을 때 찾으면 좋다. 매장에서
도 먹을 수 있지만 숙소까지 배달도 가능하니 외출하기 귀
찮을 땐 배달을 이용해보자. 하몬과 하가냐 쇼핑센터, 남부
지역에 총 세 개의 매장이 있다.

🚶 하몬 지역 위치 📍 GR46+37X, Harmon Industrial Park 📞 671-
646-3300 🕐 10:00~22:00 💲 크리스피 치킨 하프 박스 $15, 풀 박
스 $28, 비프 불고기 밀 $15, 김치 $2 🍴 프라이드 치킨 골드윙스 5pcs
$7.5~, 10pcs $15, 15pcs $22.5, 20pcs $30

PIC 선셋 BBQ PIC Sunset BBQ

해지는 투몬만의 멋진 전망을 자랑하는 해변가에 각 테이블
마다 비치되어 있는 그릴에서 왕새우, LA갈비, 삼겹살과 소
시지, 야채 등을 직접 요리해 먹는 아메리칸 스타일의 바비
큐 디너이다. PIC 골드 카드 소지자는 성인 $20, 아동(만 2세
~11세) $10 추가로 1회에 한해 이용 가능하다. 정가는 성인
$60, 아동 $30이다.

🚶 퍼시픽 아일랜드 클럽 괌 내 📍 210 Pale San Vitores Road,
Tumon Bay 📞 671-646-9171 🕐 18:00~21:00 💲 성인 $60, 아동
$30 🏠 www.picresorts.com

괌 최고의 뷔페 레스토랑

다양한 음식을 마음껏 먹고 싶을 때 뷔페만한 곳이 또 있을까?
가성비 좋고 맛도 좋은 호텔 뷔페 레스토랑에서 행복한 시간을 보내자.

27 괌 최초의 6성급 호텔 뷔페에서 누리는 작은 사치

카사 오세아노 Casa Oceano

스페인어로 '바다의 집'이라는 뜻을 가진 더 츠바키 타워의 뷔페 레스토랑이다. 조식, 중식, 석식 모두 제공하고 있으며, 괌 요리에 영향을 준 스페인 문화에서 연상되는 패턴과 디자인으로 가득한 인테리어에 최근에 지어진 럭셔리 호텔답게 레스토랑 분위기도 고급스럽다. 뷔페 레스토랑은 오픈 키친 형태이며 음식을 본인이 담는 게 아니라 원하는 메뉴를 말하면 직원이 담아주는 형식으로 운영한다. 디너 메뉴에는 맥주, 와인과 샴페인 등 다양한 주류 및 음료가 포함되어 있어 특히 인기가 많다.

🚶 더 츠바키 타워 2층 로비 📍 241 Gun Beach Road, Tumon 📞 671-969-5200 🕐 조식 07:00~10:00, 런치 11:30~14:30(월·화요일 휴무), 디너 18:00~21:30(일요일 휴무) 💲 조식 $44, 런치 $47, 디너 $60 (별도 +10%) 🏠 thetsubakitower.co.kr/portfolio/casa-oceano

28 괌에서 가장 전망 좋은 뷔페 레스토랑

아쿠아 Aqua

두짓타니 괌 리조트의 뷔페. 괌에 있는 호텔 및 리조트 뷔페 레스토랑 가운데 전망이 단연 빼어나다. 아침엔 에메랄드 빛 바다를 볼 수 있고 저녁엔 붉게 물들어가는 노을을 바라보며 식사할 수 있다는 게 가장 큰 장점이다. 인기가 많은 곳이므로 예약은 필수. 디너 뷔페는 성인 1명 당 11세 이하의 어린이 1명이 무료로 즐길 수 있다. 일요일 점심에만 운영되는 브런치 뷔페에서는 스파클링, 화이트, 레드 와인과 생맥주 등의 주류가 무제한으로 제공된다.

🚶 두짓타니 괌 3층 📍 1227 Pale San Vitores Rd, Tumon 📞 671-648-8000 🕐 06:30~10:00, 17:00~21:00, 11:00~14:00(일요일) 💲 브렉퍼스트 성인 $37, 어린이(6세~11세) $24, 디너 성인 $55, 어린이(6세~11세) $27, 일요일 브런치 성인 $80, 어린이(6세~11세) $40

테이스트 Taste

테이스트는 웨스틴 리조트에 위치한 뷔페 레스토랑으로 다이닝 부문의 여러 수상 경력을 가지고 있다. 아침, 점심, 저녁 모두 뷔페식으로 즐길 수 있는데 특히 점심과 저녁은 매일 테마가 달라지니 꼼꼼히 따져보고 취향에 맞는 날 방문하는 게 좋다. 요일에 따라 라이브 공연이 있기도 하고 맥주, 와인 등 술이 무제한으로 제공되기도 한다.

🧍 웨스틴 리조트 괌 내 📍 105 Gun Beach Rd, Tamuning
📞 671-647-0991 🕐 브렉퍼스트 06:30~10:00, 런치
11:30~14:00(목~토요일), 11:00~14:30(일요일), 디너 18:00~
21:00(목~토요일) 💲브렉퍼스트 성인 $35, 어린이(6세~11세)
$21, 런치 성인 $50, 어린이 $30, 선데이 브런치 성인 $70, 어린
이 $42 / 디너 성인 $60, 어린이 $36(금, 토요일은 성인 $65, 어
린이 $39) 🍴 월 스테이크, 크랩, 한식 뷔페, 화 스테이크, 랍스
타, 해산물 뷔페, 수 샤브샤브, 킹크랩다리, 아시안 뷔페, 목 아시
안, 랍스터 뷔페, 금 웨스턴, 랍스터 뷔페, 토 인터내셔널, 스테이
크, 랍스터, 크랩 뷔페 🏠 www.marriott.co.kr/hotels/travel/
gumwi-the-westin-resort-guam

마젤란 뷔페 레스토랑 Magellan Buffet Restaurant

마젤란은 호텔 닛코 괌의 인터내셔널 뷔페 레스토랑이다. 창밖으로 넓은 정원과 수영장이 보이는 1층에 위치하고 있다. 로컬 음식과 양식, 한식, 일식 등 세계 각국의 다양한 음식을 즐길 수 있고 특히 디너에는 와인과 맥주, 사케 등의 음료가 무제한으로 포함되어 인기가 많다.

🧍 호텔 닛코 괌 1층 📍 245 Gun Beach Road, Tumon
📞 671-649-8815 🕐 조식 07:00~10:00, 디너 18:00~21:00
(월요일 휴무) 💲조식 $38, 디너 $50 (별도 +10%) 🏠 www.
nikkoguam.com/kr/dining/magellan-buffet-restaurant

뷔페 레스토랑

일식 & 데판야끼

일본인에게 인기 여행지인 덕분일까. 괌에서는 데판야끼와 라멘, 스시 등 일식 요리를 쉽게 접할 수 있다.
커다란 철판에서 즉석으로 구워주는 데판야끼는 맛은 물론이고 보는 즐거움도 쏠쏠하다.

31 디너보다는 런치 추천

조이너스 레스토랑 케야키 Joinus Restaurant Keyaki

투몬 샌즈 플라자 1층에 위치한 조이너스 레스토랑 케야키
는 괌에서 가장 인기 있는 데판야끼 전문점이다. 고기와 해
산물, 채소 등을 커다란 철판에서 즉석으로 요리해주는데 운
이 좋으면 화려한 불 쇼를 눈앞에서 볼 수 있다. 디너는 런치
와 비슷한 메뉴 구성이지만 런치의 두 배 가까이 가격이 비
싸니 기왕이면 런치를 이용해보자.

🚶 투몬 샌즈 플라자 1층 📍 1082 Pale San Vitores Rd, Tumon
📞 671-646-4033 🕐 런치 11:00~14:00, 디너 17:30~21:00 💲 런
치 세트 $32.5, 런치 스시 $32, 디너 세트 $46~ (별도 +10%) 🍴 런치
세트 $32.5 (별도 +10%)

---------- TIP ----------
단품 메뉴도 있지만 고기와 해산물 종류에 따라 구성된 A~D 세트 메
뉴를 주문하면 밥, 미소국, 샐러드가 포함된다.

32 여러 종류의 해산물을 골라 먹을 수 있는

피셔맨즈 코브 Fisherman's Cove

랍스터, 새우, 게, 조개 등 다양한 해산물을 먹고 싶다면
힐튼 괌 리조트에 위치한 피셔맨즈 코브를 추천한다. 레
스토랑 입구에 다양한 해산물이 진열되어 있어 눈으로
직접 확인 후 주문이 가능하다. 저울과 바스켓이 준비되
어 있어 직접 해산물을 선택해 버터구이 또는 찜, 볶음
요리 등으로 주문할 수도 있다.

🚶 힐튼 괌 리조트 본관 1층 📍 202 Hilton Rd, Tamuning,
96913 괌 📞 671-646-1835 🕐 17:00~21:00, 화요일 휴무
💲 스타터 $13~, 파스타 $25~, 셰프스 코너 $19~
🍴 Sea Treasure(3단 타워) $45

니지 Niji

신선한 초밥과 우동, 데판야끼와 샤브샤브 등 일본 음식을 마음껏 먹고 싶다면 하얏트 리젠시에 위치한 일식 레스토랑 니지를 추천한다. 일식 외에도 즉석에서 굽는 스테이크, 디저트 등 음식이 다양하고 가격이 합리적이라 늘 인기 만점. 주말이나 성수기엔 미리 예약하는 게 좋다.

🚶 하얏트 리젠시 괌 1층 📍 1155 Pale San Vitores Rd, Tamuning 📞 671-647-1234 🕐 런치 11:30~14:00, 디너 18:00~21:00 💲 런치 성인 $40, 어린이 $20, 브런치 성인 $56, 어린이 $25, 디너 성인 $50, 어린이 $25(일~목요일) / 성인 $60, 어린이 $25(금, 토요일) (별도 +10%) 🍴 런치뷔페 $40 (별도 +10%) 🏠 www.hyatt.com/ko-KR/hotel/micronesia/hyatt-regency-guam/guamh/dining

-------------------------- **TIP** --------------------------
하얏트 멤버십에 가입하면 10퍼센트 할인 혜택을 받을 수 있으니 참고하자.

후지 이치방 라멘 Fuji Ichiban Ramen

일본 나고야를 중심으로 30개 이상의 지점을 보유하고 있는 라멘 전문점이다. 밤 12시까지 운영하고 있어 늦은 밤 술 한잔한 뒤 라멘 국물이 먹고 싶을 때 방문하기 좋다. 소유, 돈코쓰, 미소 라멘 등 국물요리와 군만두, 치킨 등 사이드 메뉴가 인기 있는데, 국물은 꽤 짠 편이니 참고하자.

🚶 하얏트 리젠시 괌과 홀리데이 리조트 & 스파 괌 사이 📍 932 Pale San Vitores Rd, Tamuning 📞 671-647-4555 🕐 11:00~24:00(일요일 휴무) 💲 라멘 $9.5~, 사이드 $4.95~ (별도 +10%) 🍴 미소라멘 $9.75, 가라아게 $4.95 (별도 +10%) 🏠 fujiichiguam.com

패밀리 레스토랑

새로운 음식에 도전할 용기가 나지 않는다면 어디서 먹어도 표준화된 맛이 보장되는
패밀리 레스토랑을 이용해보는 건 어떨까? 분위기, 맛 모두 평균 이상은 보장되니 실패할 확률이 적다.

35 아침식사 하기 좋은 미국식 프랜차이즈

아이홉 IHop

'International House of Pancakes'를 줄여 아이홉(IHop)이라는 이름이 된 미국의 유명 프랜차이즈 레스토랑이다. 이름에서 알 수 있듯이 다양한 종류의 팬케이크가 주요 메뉴이나 그 밖에도 와플, 프렌치토스트, 오믈렛 등 아침식사로 먹기 좋은 메뉴가 다양하다. 특히 치즈, 채소, 고기 등 재료를 아낌없이 넣어 만든 오믈렛을 추천한다.

🚶 더 플라자 1층 📍 1245 Pale San Vitores Rd, Tumon
📞 671-989-8222 🕐 07:00~22:00 💲 팬케이크
$7.99~, 와플 $12.99~, 오믈렛 $18.49~ (별도 +10%)
🍴 오리지널 버터밀크 $7.99, 치킨+와플 $22.99, 빅 스테이크 오믈렛 $22.99 (별도+10%)

36 무제한 샐러드 바가 매력적인

루비 튜즈데이 Ruby Tuesday

1972년 영업을 시작해 전 세계에 진출한 전형적인 미국식 패밀리 레스토랑. 애피타이저, 샐러드, 파스타, 스테이크, 랍스터 등 다양한 메뉴가 있는데 두툼하고 육즙가득한 패티를 넣은 루비 클래식 버거, 루비 치즈 버거 등 수제 버거가 가장 대표적이다. 화요일에는 메인 2개와 1개의 디저트를 $25.99에 제공하는 프로모션이 있어 가성비 좋게 이용할 수 있다. 괌 프리미어 아웃렛(GPO) 주차장에 위치해 쇼핑 후 식사하기 좋다.

🚶 GPO 주차장 📍 197 Chalan San Antonio, Tamuning 📞 671-647-7829 🕐 11:00~22:00 💲 애피타이저 $14.25~, 버거 $14.25~, 스테이크 $22.99~ (별도 +10%) 🍴 화요일 2 for 1 Tuesdays $25.99, 루비클래식 버거 $14.25, 립아이 스테이크 $38.99 (별도 +10%) 🏠 www.rubytuesday.com

셜리스 레스토랑 Shirley's Restaurant

1983년 처음 오픈해 현재는 네 개 매장을 운영하고 있다. 호시노 리조트 근처 매장만 셜리스 레스토랑이라는 이름을 사용하고 나머지 세 곳은 셜리스 커피숍이라는 이름을 사용한다. 양이 많고 푸짐해 관광객뿐 아니라 현지인에게도 인기가 많다. 치킨, 새우, 스테이크 등 다양한 메뉴가 있는데 고기나 해산물 요리보다는 오믈렛, 샌드위치 등 간단한 아침식사 메뉴를 추천한다.

🏃 호시노 리조트 근처 📍 388 Gov Carlos G Camacho Rd, Tamuning 📞 671-649-6622 🕐 07:30~21:00 💲 오믈렛 $13.95~, 샌드위치 $12.45~, 스테이크 & 시푸드 $41.95~ (별도 +10%) 🍴 셜리스 스페셜 오믈렛 $14.95, 셜리스 클럽 샌드위치 $16.25 (별도 +10%) 🏠 www.shirleysguam.com

---------------------------- **TIP** ----------------------------

밥이 함께 제공되는 메뉴는 2달러를 추가하면 흰쌀밥을 볶음밥으로 변경할 수 있다. 전반적으로 양이 많으니 너무 많이 주문하지 않도록 하자.

킹스 King's

24시간 영업하는 데다 괌 프리미어 아웃렛(GPO) 주차장에 위치하므로 밤 비행기를 타고 괌에 도착하는 사람들은 킹스에서 식사한 뒤 로스(Ross)에서 새벽 쇼핑을 하기도 한다. 브렉퍼스트 메뉴부터 스테이크, 차모로식 메뉴까지 다양한 음식을 맛볼 수 있다. 편안한 인테리어에 언제라도 방문할 수 있어 편하지만 음식 맛을 너무 기대하면 실망할 수도 있다. 특히 로코모코가 먹고 싶다면 킹스보다는 나나스 카페를 추천한다.

🏃 GPO 주차장 📍 197 Chalan San Antonio, Tamuning 📞 671-646-5930 🕐 24시간 💲 브렉퍼스트 $11.4~, 팬케이크 $12~, 스테이크 $16.2~ (별도 +10%) 🍴 BBQ 브렉퍼스트 & 에그 $13.5, 뉴욕스테이크 $27.4, 로코모코 $16.05 (별도 +10%) 📘 www.facebook.com/kingsrestaurantguam

애플비스 Applebee's

웨스턴 스타일의 캐주얼 레스토랑으로 괌 프리미엄 아울렛(GPO) 부근에 위치하고 있다. 가볍게 먹을 수 있는 버거와 샌드위치, 파스타에서 여러 종류의 스테이크까지 다양한 메뉴가 있으며, 11시부터 오후 3시까지는 샐러드 바를 이용할 수도 있다. 관광객보다 현지인들이 더 많이 찾는 레스토랑이다.

🏃 괌 프리미엄 아울렛(GPO)에서 도보 3분 📍 341 Chalan San Antonio, Apotgan 📞 671-648-2337 🕐 11:00~21:00(일~수요일), 11:00~22:00(목요일), 11:00~24:00(금·토요일) 💲 샐러드 바 $11.99, 버거 $16.99~, 메인 $17.99~ 🏠 www.instagram.com/applebeesgu

한식

곰 여행에서 한식이 웬 말인가 하겠지만, 햄버거나 스테이크를 연달아 며칠 먹고 나면
매콤한 제육볶음과 김치찌개가 간절해지기 마련이다. 여행 중 한식이 생각날 때 한 번쯤 가보면 좋다.

---

40 현지 교민이 추천하는 한식 맛집

부가 Buga

친절한 주인 부부의 인심이 넉넉하며 김치를 비롯해 모든 밑반찬이 아
주 맛있어 여행 중 한식이 먹고 싶을 때 방문하면 좋다. 찌개류부터 생
선구이, 각종 고기구이까지 다양한 메뉴가 있으나 대표 메뉴
는 단연 커다란 갈비뼈가 뚝배기에 넘치도록 담겨 나오는
갈비탕. 아삭한 채소와 매콤한 돼지고기가 잘 어우
러진 제육볶음도 맛있다. 런치에만 할인되는 메
뉴들이 있어 가성비 좋게 이용하기 좋다.

🚶 하몬 지역 K마트에서 차로 5분 📍 267 E Harmon
Industrial Park Rd, Tamuning 📞 671-646-
4322 🕐 11:00~21:00(월~금요일), 11:00~22:00
(토요일), 일요일 휴무 💲 런치 스페셜 찌개류 $13, 볶
음류 $15, 양념갈비, 불고기 $16 (별도 +10%)
🍴 런치 메뉴 제육볶음 $15, 된장찌개 $13 (별도 +10%)

---

41 곰 대표 한식당

세종 Sejong

260석 규모로 명실상부 곰을 대표하는 한
식당이다. 간단하게 먹을 수 있는 찌개나
냉면도 있지만 대표 메뉴는 뜨거운 돌판
에 구워 나오는 갈비와 물고기. 양념갈비
가 맛있고 갈비탕은 부가와 비교해 조금
아쉽다.

🚶 K마트에서 도보 10분 📍 Marine Corps Dr
Lot 5163-3, Tamuning 📞 671-649-5556
🕐 17:00~21:00 💲 고기류 $28~, 찌개류 $15~,
전골류 $40~ (별도 +10%) 🍴 갈비 $32, 김치
찌개 $15 (별도 +10%) 🏠 www.guamsejong.
com/Kor.html

산정 San Jung

세종 식당이 '가든'의 느낌이라면 산정은 푸근한 백반집 같은 곳이다. 다른 한식당과 비교해 그리 특별한 건 없지만 할머니의 손맛과 정이 넘쳐 시골 고향집에 간 기분이 든다. 밑반찬도 괜찮고 얼큰한 김치찌개가 시원하다. 한인 식당이 모여 있는 하몬(Harmon) 지역에 위치하고 있다.

🏃 K마트에서 차로 5분 📍 Harmon Industrial Park Rd, Tamuning 📞 671-647-1515 🕐 11:00~21:00 💲 볶음류 $16, 불고기 $20, 오삼불고기 $23 (별도 +10%) 🍴 제육볶음 $16, 김치찌개 $15 (별도 +10%)

교동짬뽕

우리나라 전국 5대 짬뽕으로 유명한 교동짬뽕을 미국령 괌에서도 만날 수 있다. 정겨운 간판과 실내 인테리어까지 비슷하게 재현해서 마치 우리나라 교동짬뽕에 들어온 듯한 느낌이 든다. 메뉴도 강릉에 있는 본점처럼 단출하게 구성하고 있지만, 최고의 맛을 내기 위해 거의 모든 재료를 한국에서 직접 공수해 온다고 하니 느끼한 음식에 질렸다면 얼큰한 국물이 일품인 짬뽕을 먹으러 가보자.

🏃 K마트에서 차로 5분 📍 Harmon Industrial Park 📞 671-969-1112 🕐 11:00~15:00(일요일 휴무) 💲 짬뽕 면 or 밥 $17, 짜장 면 or 밥 $13, 스노우 탕수육 $22

아이와 함께 가기 좋은 곳

아이와 함께하는 여행, 가끔은 온전히 아이를 위한 시간을 마련하는 건 어떨까?
먹고 싶은 대로 피자를 요리하고 즐겁게 식사하는 특별한 추억을 만들어보자.

44 나만의 피자를 만들어보자

파이올로지 피자리아 Pieology Pizzeria

미국 전역에 140여 개 체인점이 있는 피자 전문점으로 괌에는
타무닝점과 데데도점이 있다. 도우부터 소스, 치즈, 고기와 햄 등
토핑을 직접 선택해 만들어 먹을 수 있는 특별한 시스템의 피자
집이다. 하나하나 고르기 어려운 사람을 위해 레시피가 정해진
메뉴도 준비되어 있다. 피자는 흔한 음식이지만 내가 좋아하는
재료만 듬뿍 담은 피자는 특별하다. 특히 아이와 함께라면 더
욱 추천한다. 가격도 비싸지 않아 부담 없이 즐길 수 있다.

🚶 GPO 근처 📍 341 Chalan San Antonio, Tamuning
📞 671-969-9224 🕐 11:00~21:00 💲 나만의 피자 만들기(Craft
Your Own) $15.99~, 클래식 테이스트(Classic Tastes) $14.99, 샐러
드 $11.49~, 음료 $3.49~ 🏠 www.pieology.com

45 현지인에게도 인기 있는 핫플 카페

붕스카페 Boong's Cafe

괌 최초로 붕어빵 아이스크림을 판매하고 있는 카페로 관
광객뿐 아니라 현지인들에게도 인기 있는 곳이다. 시그니
처 메뉴인 아이스 붕스는 붕어빵과 함께 먹을 다양한 아이
스크림과 필링, 토핑 등을 선택할 수 있다. 무료로 보드게임
도 즐길 수 있다. 1호점은 웨스틴 리조트 괌 바로 옆 상가에
위치하고 있고 2호점은 빌리지 오브 돈키 식당가에 있다.

🚶 웨스틴 리조트 괌 입구 옆 📍 1355 San Vitores Ln, Tumon
📞 671-646-3095 🕐 11:00~21:00(일~목요일), 11:00~21:30
(금·토요일) 💲 아이스 붕스 $6.5, 아이스크림 온리 $4.5, 붕어빵
$2.5, 아메리카노 $3 🏠 www.instagram.com/boongscafe

선셋을 즐길 수 있는 레스토랑 & 바

에메랄드 빛으로 빛나던 바다가 서서히 붉게 물드는 일몰은 괌 어디서건 볼 수 있지만,
바다를 마주한 비치 바 또는 레스토랑에서 칵테일 한잔과 함께라면 이보다 로맨틱할 수 없다.

46 괌에서 가장 아름다운 일몰

더 비치 바 The Beach Bar

괌에서 일몰이 가장 아름답기로 유명한 건 비치
바로 앞에 위치한 가장 큰 비치 바. 모래사장으로
연결되는 나무 데크 옆 야자수, 비치발리볼을 즐
기는 청춘의 모습이 어우러져 더할 나위 없이 이
국적인 모습을 연출한다. 해가 지기 시작하고 하
늘이 오색 빛으로 변하는 시간에 맞춰 식사와 함
께 칵테일 한잔을 곁들인다면 잊지 못할 여행의
추억이 될 것이다.

🏃 호텔 닛코 괌 근처, 건 비치 앞 📍 Gun Beach Rd,
Tamuning 📞 671-646-8000 🕐 16:00~10:00(월
~수요일), 16:00~01:00(목~금요일), 12:00~01:00(토
요일), 12:00~10:00(일요일) 💲 애피타이저 $12~, 메인
$16~, 칵테일 $13~, 맥주 $7~ (별도 +15%) 🍴 깔라마
리 튀김 $26, 불고기 버거 $20, 코로나 리타 칵테일 $13
(별도 +15%) 🏠 www.guambeachbar.com

─────────── TIP ───────────
많은 이들 사이에서 꼭 가봐야 할 곳으로 손꼽히는 만큼 바닷가 쪽 테이블에
앉고 싶다면 미리 예약하는 게 좋다. 예약은 홈페이지에서 가능하다.

47 일몰과 함께 즐기는 맛있는 칵테일

타부 티키 바 Tabu Tiki Bar

두짓 비치 리조트 앞 해변과 연결된 타부 티키 바
에서는 아름다운 투몬 비치의 일몰과 함께 다양
한 열대 칵테일을 즐길 수 있다. 일주일 내내 라이
브 공연이 준비되어 있다. 해변에 위치하고 있는
만큼 별도의 드레스코드 없이 수영복 차림으로
도 이용할 수 있다.

🏃 두짓 비치 리조트 내 📍 1255 Pale San Vitores Rd,
Tumon 📞 671-649-9000 🕐 14:00~22:00(일~수
요일), 14:00~23:00(목~토요일) 💲 푸드 $16~, 병맥주
$7~, 칵테일 $15~ (별도 +10%) 🏠 www.dusit.com/
dusitbeach-resortguam/dining/tabu

커피 & 디저트

여행의 피로를 푸는 방법으로 카페인과 당분 섭취만 한 게 없다.
물놀이와 쇼핑 틈틈이 쉬어 갈 수 있는 카페와 아이스크림 전문점을 모아봤다.

01 괌의 스타벅스

인퓨전 커피 & 티 Infusion Coffee & Tea

크지 않은 괌에서 어딜 가도 쉽게 눈에
띄는 대표적인 프랜차이즈 카페. T갤러
리아 매장을 포함해 괌 전역에 다섯 개
매장이 있다. 깔끔한 인테리어에 안락한
공간이라 현지 대학생이나 식상인이 와
서 공부하거나 회의하는 모습을 쉽게 볼

수 있다. 커피 외에도 시원한 프라페, 과
일 스무디와 요거트, 다양한 샌드위치와 페이스트리, 컵케이크 등 디저트를 판매하
고 있어 현지인뿐 아니라 관광객에게도 인기가 많다.

🚶 괌 플라자 리조트 & 스파에서 차로 2분　📍 Marine Corps Dr, Tamuning　📞 671-647-0260
🕐 06:00~18:00　$ 커피 $3.0~, 프라페 $5.25~, 프레쉬 주스 $7.75~ (별도 +10%)　✕ 아메리카
노 $3, 베이글 $3.75 (별도 +10%)

커피 비너리 Coffee Beanery

스타벅스처럼 널리 알려진 미국 브랜드는 아니지만 1976년 미국에 처음 문을 연 이후 현재 미국, 중국, 홍콩 등지에 100여 개점, 괌에 5개점이 있다. 직접 로스팅한 CB 오리지널, CB 블렌드 등 커피를 기본으로 카페인 함유량을 조절할 수 있는 커피까지 메뉴가 다양하다. 메뉴 선택이 어렵다면 오늘의 커피를 주문하는 것도 방법이다. 투몬 지역 이외에도 마이크로네시아 몰과 하갓냐(아가냐)에 지점이 있다.

🏃 웨스틴 리조트 괌 맞은편 퍼시픽 플레이스 1층
📍 1411 Pale San Vitores Rd, Tamuning
📞 671-647-0104 🕐 08:00~20:00
💲 커피 $2.69~, 샌드위치 $8.95 (별도 +10%)
🍴 카페 아메리카노 $3.69 (별도 +10%)
🏠 www.coffeebeanery.com

호놀룰루 커피 | Honolulu Coffee

세계 3대 커피 중 하나라는 코나커피를 맛볼 수 있다. 코나커피는 풍부한 미네랄이 함유된 하와이 빅아일랜드 코나 지역의 흙과 특수한 기후의 영향 아래 생산된 커피로 세계 커피 애호가들의 사랑을 받는 커피다. 마카다미아 너트 커피와 부드러운 팬케이크가 인기 메뉴이며 코나커피 원두와 팬케이크 믹스를 따로 판매한다.

·········· **TIP** ··········
더 플라자, 투몬샌즈 플라자, DFS T갤러리아, JP슈퍼스토어에 매장이 있어 쇼핑 후 들르기 좋다.

🚶 더 플라자 1층 📍 1255 Pale San Vitores Rd, Tumon Bay 📞 671-649-8870 🕐 09:30~23:00 $ 커피 $3.25~, 스무디 $7~, 팬케이크 $9.95~ 🍴 마카다미아 너트 아이스커피 $5.25, 코나크림 팬케이크 $13.95 🏠 www.honolulucoffee.com

스노 몬스터 | Snow Monster

수제 아이스크림에 컬러풀한 토핑을 무료로 얹을 수 있고, 귀여운 캐릭터 모양의 홈메이드 마카롱을 추가하면 나만의 아이스크림이 완성된다. 어떤 맛을 고를지 고민이라면 이것저것 맛보고 선택할 수도 있다. 아이스크림이 단연 인기지만 연기가 폴폴 나는 질소 아이스크림과 함께 팔레트에 여섯 가지 디핑 소스가 제공되는 드래곤 브레스(Dragons Breath)도 재미있다. 어떤 메뉴를 주문하든 인증샷을 찍어 인스타그램에 올리기 좋다.

🚶 투몬 샌즈 플라자 건너편 상가
📍 1051 Pale San Vitores Rd, Tamuning
📞 671-649-2253 🕐 11:00~22:00(월~토요일), 12:00~22:00(일요일) $ 아이스크림 $5~, 아이스크림+마카롱 $7.75 🍴 아아이스크림 와플콘 $6~, 드래곤 브레스 $7.5 🏠 www.instagram.com/snowmonsterguam

커피 & 디저트

스타벅스 Starbucks

괌의 유일한 스타벅스로 웨스틴 리조트 로비에 있다. 테이크아웃뿐 아니라 매장에서 취식도 가능하다. 커피 등의 음료 메뉴 이외에도 샐러드, 파니니, 샌드위치, 케이크 등 다양한 메뉴를 판매하고 있다. 단, 시티 컵은 판매하지 않는다.

🚶 웨스틴 리조트 괌 로비 ❡ 105 Gun Beach Road, Tumon
🕐 06:00~22:00 $ 카페 아메리카노 톨 사이즈 $4.5, 카페라떼 톨사이즈 $5.5, 파니니 $9

러브 크레페스 괌 Love Crepes Guam

러브 크레페스는 건물 외관의 화려한 그래피티, 멀리서 봐도 단연 돋보이는 빨간색의 인테리어와 커다란 곰 인형이 인상적인 디저트 카페. 크레페 위에 다양한 재료를 얹어 만드는 갈레트와 크레페 메뉴가 주를 이룬다. 프랑스 분위기의 예쁜 카페에서 먹는 디저트는 달콤하지만 가격은 다소 비싼 편이다.

🚶 T갤러리아 DFS에서 도보 1분. 더 플라자 내 ❡ The Plaza, 1255 14, Tumon 📞 671-646-4499 🕐 11:00~21:00(월~목요일), 11:00~22:00(금), 09:00~22:00(토), 09:00~21:00(일) $ 크레페 $9.99~, 갈레트 $14.99~, 누텔라 러브 크레페 $16.99, 아메리카노 $4
🏠 www.instagram.com/lovecrepesguam

시나본 Cinnabon

1985년 미국 시애틀에 1호점을 낸 뒤 전 세계 50여 개국 1,500여 개의 매장을 보유하고 있는 글로벌 디저트 카페다. 우리나라 백화점 식품관 등에도 입점해 있지만 괌에서 쇼핑 도중 만나는 달콤하고 향긋한 계피향의 유혹을 뿌리치기란 쉽지 않다. 쫀득한 반죽 사이에 계피 설탕을 발라 오븐에 구운 뒤 달콤한 크림치즈를 토핑으로 얹어 먹는 시나본 클래식이 단연 대표 메뉴. 달콤함이 강한 시나몬 롤은 아메리카노와 가장 잘 어울린다.

🚶 마이크로네시아 몰, 괌 프리미어 아울렛, 아가냐 쇼핑센터에 각 하나씩 있다. 📍 199 Chalan San Antonio, Tamuning, 96913 괌 📞 671-647-0069 🕐 11:00~20:00 $ 시나본 롤 $5.5~, 음료 $4~ 🍴 시나본 클래식 $3.3, 아메리카노(s) $4

요거트랜드 Yogurtland

요거트랜드는 미국 캘리포니아에서 시작해 호주, 싱가포르 등 전 세계 330여 개 매장을 갖고 있는 글로벌 브랜드다. 모든 아이스크림을 캘리포니아 원유에 나온 요거트 원액으로 만든다. 특히 지방, 글루텐, 설탕이 전혀 들어 있지 않아 기존 아이스크림 브랜드 제품과 비교해 열량이 낮은 편이다. 다양한 아이스크림과 수십 가지 토핑을 마음대로 얹어 내가 원하는 맛으로 직접 만들어 먹을 수 있다.

🚶 GPO 근처 📍 267 Chalan San Antonio, Tamuning 📞 671-648-9595 🕐 11:00~21:00 $ 1온스 $0.79, 반 컵에 약 $6 🏠 www.yogurt-land.com

······· **TIP** ·······
가격은 컵의 최종 무게에 따라 책정되니 너무 욕심을 내지는 말자.

파티셰리 파리스코 Patisserie Parisco

'파티셰리 파리스코'라는 다소 어려운 이름은 프랑스 출신 파티셰 남편과 괌에서 태어난 케이크 디자이너 아내의 삶에 많은 영향을 주었던 파리와 샌프란시스코를 접목해 만든 이름이라고 한다. 관광객에게는 많이 알려지지 않았지만 현지인에게 빵과 마카롱이 맛있기로 소문난 곳이다. 특히 엄청난 두께의 마카롱 아이스크림이 인기가 많다. tvN에서 방영한 예능 프로그램 〈나의 영어 사춘기〉에 소개되기도 했다.

🏃 페이레스 슈퍼마켓 근처 📍 285 Farenholt Ave, Tamuning 📞 671-646-0099
🕐 07:00~18:00 💲 음료 $3.5~, 마카롱 $2~ 🍴 유니콘 프라페 $7.25, 아이스크림 마카롱 $6
🏠 www.patisserieparisco.com

10 괌 최대 규모 클럽

클럽 ZOH Club ZOH

홍대의 클럽을 상상했다간 실망할 수 있지만 적어도 괌에서는 가장 크고 핫한 클럽임에 틀림없다. 화려한 조명 및 음향 시스템을 갖추고 매일 밤 R&B와 힙합, 덥스텝, EDM 등 다양한 음악이 연주된다. 다만 밤 12시는 되어야 스테이지가 차기 시작하고 평일엔 썰렁한 모습을 볼 수도 있으니 주말 늦은 밤에 가는 게 좋다. 입장만 가능한 티켓 이외에 익스프레스 체크인 티켓이 포함된 VIP 테이블 패키지가 있다.

🏃 하얏트 리젠시 괌 근처, 샌드캐슬 괌 바로 옆
📍 1199 Pale San Vitores Rd, Tamuning
📞 671-646-8000 🕐 20:00~26:00
💲 입장권 $30~, VIP 테이블 $200
🏠 bestguamtours.com/bars-clubs/clubzoh

-------- **TIP** --------
만 18세 이상 입장이 가능하니 신분증은 꼭 지참하자. 음주 가능한 최소 연령은 만 21세다.

괌 프리미어 아웃렛(GPO) Guam Premier Outlets

한국인 관광객이 가장 많이 찾는 괌의 대표적인 쇼핑몰이다. 고가의 명품 브랜드는 입점하지 않았지만 한국인들에게 인기 많은 타미힐피거, 캘빈클라인, 리바이스, 나이키 등 30여 개의 미국 유명 브랜드 매장과 쥬얼리 전문 매장, 건강보조식품 및 화장품을 구입할 수 있는 비타민월드도 있다. 우리나라 백화점에 비하면 원래도 저렴하지만 브랜드별 할인, 타임 세일 및 쿠폰 등 각종 추가 할인까지 더하면 파격적인 가격에 구입할 수 있다. 꼭 가봐야 할 곳은 창고형 매장인 로스(Ross). 언뜻 혼잡해 보여도 여유롭게 꼼꼼히 둘러보면 뜻밖의 횡재를 할 수 있는 보물창고 같은 곳이다. 중저가 브랜드가 많지만 잘 찾아보면 명품 브랜드를 아주 저렴한 가격에 구입할 수도 있다. 의류를 비롯해 가방, 신발, 장난감, 생활용품 등 다양한 제품을 판매한다. 특히 쌤소나이트 하드 캐리어를 눈여겨볼 만하다. 로스 매장이 문을 여는 새벽 6시부터 줄 서서 들어가는 관광객이 있을 정도다.

🚶 199 Chalan San antonio, Suite 200, Tamuning 📞 671-647-4032
🕐 10:00~21:00(로스 매장은 06:00~24:00) 🏠 www.gpoguam.com

·········· **TIP** ··········
❶ 어린이는 무료 놀이터를 이용하면 좋다.
❷ 안내데스크에서 받을 수 있는 할인쿠폰을 꼭 챙기자. 타미힐피거는 결제하면서 회원 가입 하면 추가 할인을 받을 수 있다.
❸ 쇼핑하다 배가 고파지면 다양한 음식을 저렴하게 판매하는 푸드코트를 이용하자.

괌 프리미어 아웃렛(GPO)
대표 추천 매장

로스 Ross

명품부터 잡화까지 없는 게 없다. 정가보다 20~90퍼센트 할인된 가격에 판매하니, 잘만 고르면 명품을 중저가 브랜드 가격에 구입할 수 있다. 단점은 창고형 매장인 탓에 브랜드별로 정리되어 있지 않다는 점. 인내심을 갖고 매의 눈으로 골라야 하기 때문에 일정이 짧다면 추천하지 않는다. 저녁에 새 물건을 진열하므로 오픈 시간에 맞춰 방문해야 좋은 물건이 많다는 소문이 있다. 새벽 6시 전부터 줄 서는 사람도 있을 만큼 인기가 많다.

> **추천 아이템**
> 쌤소나이트 하드 캐리어,
> 유아 의류, 장난감, 운동복.

타미힐피거 Tommy Hilfiger

미국의 대표적인 중저가 브랜드로 우리나라 백화점과 비교하면 말도 안 되는 저렴한 가격에 구입할 수 있다. 공식 홈페이지 등에서 무료로 배포하는 추가 할인쿠폰을 미리 준비해 가도록 하자.

> **TIP**
> 할인쿠폰은 타미힐피거 공식 홈페이지(http://uas.tommy.com) 회원가입 시 이메일로 받은 것을 챙기거나 GPO에서 제공하는 쿠폰을 이용하면 된다.

캘빈클라인 Calvin Klein

타미힐피거 구입 영수증에 캘빈클라인에서 사용할 수 있는 할인쿠폰이 딸려 나오니 캘빈클라인 쇼핑은 타미힐피거 다음에 하도록 하자.

트윙클스 Twinkles

어린이들이 좋아할 만한 인형과 장난감, 유모차 등 유아용품과 완구용품 을 판매해 아이와 함께하는 여행이나 태교 여행 중 들르면 좋다.

비타민월드 Vitamin World

다양한 영양제를 판매한다. 한국인 직원이 상주하여 이용이 편리하며, 현장에서 즉석으로 회원 가입하면 할인받을 수 있으니 꼭 챙기자. ▶▶ 비타민 브랜드 BEST 3 P.094

T갤러리아 T Galleria by DFS

투몬 중심가의 대표적인 쇼핑몰이다. 에르메스, 구찌, 루이비통, 생로랑 등 고가의 명품 브랜드뿐 아니라 다양한 화장품과 향수, 캐주얼 브랜드, 초콜릿과 기념품까지 90여 개의 브랜드 제품을 면세로 구입할 수 있다. 괌 전체가 면세 지역이다 보니 큰 메리트를 못 느낄 수도 있지만 투몬에 위치해 접근성이 좋고 명품부터 기념품까지 한자리에서 쇼핑할 수 있으며, 교환·반품 등 편리한 애프터서비스, 호텔 딜리버리 서비스, 무료 택시 서비스 등 다양한 고객 편의 서비스가 독보적이다. 화장품은 맥, 바비브라운, 크리니크, 키엘 등 미국 브랜드를 공략해보자. 한국의 인터넷 면세점에서 쿠폰, 적립금 등을 사용해 구입하는 게 더 저렴한 브랜드도 있으니 꼼꼼한 비교는 필수. 특히 초콜릿이나 소소한 기념품은 K마트 등 다른 쇼핑몰이 더 저렴한 편이니 참고하자.

🏃 1296 Pale San Vitores Rd, Tumon 📞 671-646-9640
🕐 12:00~19:00(월~금요일), 12:00~20:00(토, 일요일)
🏠 www.dfs.com/kr/guam/stores/t-galleria-by-dfs-guam

-------------------- **TIP** --------------------
T갤러리아 쿠폰 호텔, 렌터카, 여행사, 통신사 등에서 구할 수 있으며 안내데스크에 쿠폰 제시 후 고디바 초콜릿을 받을 수 있다.

T갤러리아
대표 추천 브랜드

맥 M·A·C

아이섀도, 파우더, 립스틱 등 메이크업 제품이 주를 이루는 대표적인 미국 화장품 브랜드. 100달러 이상 구매 시 10퍼센트 추가 할인, 150달러 이상 구매 시 15퍼센트 추가 할인 등 다양한 이벤트를 진행한다. 해외 직구로 구입하는 가격과 비슷하지만 금액별 추가 할인이나 T갤러리아 쿠폰 등을 이용하면 더 저렴하게 구입할 수 있다. 직접 테스트해보고 구입할 수 있는 것도 장점.

구찌 Gucci

우리나라 여행자들이 가장 많이 찾는 매장 중 한 곳으로 '괌 특산품' 매장이라는 말이 나올 정도다. 가장 인기 있는 마몬트 백, 디오니소스 백, 실비 백 등은 한국 백화점보다 많게는 몇십만 원 더 저렴하고 모델도 다양한 편이라 인기가 많다. 다만 입국 시 면세한도 초과에 따른 세금을 꼼꼼히 따져보고 사도록 하자. 한국인 직원이 상주하고 있어 편리하게 이용할 수 있다.

고디바 Godiva

벨기에 프리미엄 초콜릿 브랜드. 고급스런 패키지로 선물하기 좋으며, 특히 저렴한 가격의 프레즐이 인기가 많다. 종류가 다양하고 초콜릿 향 커피도 반응이 좋다. 다만, 가격은 다소 비싼 편이니 많이 구입할 계획이라면 마이크로네시아 몰 메이시스와 가격 비교는 필수다.

호놀룰루 쿠키 Honolulu Cookie

하와이 최고급의 천연 재료로 만드는 호놀룰루 쿠키를 괌에서도 만날 수 있다. 트레이드마크인 파인애플 모양의 쇼트브레드 쿠키는 맛있기도 하지만 선물하기 좋은 파인애플 모양 패키지가 매력적이다. 모든 종류의 쿠키를 직접 시식할 수 있으니 먹어보고 취향껏 구입하자.

생 로랑 Saint Laurent

1961년 파리에서 론칭한 럭셔리 패션 브랜드 입생로랑이 2012년 브랜드명을 변경했다. 가방, 구두, 주얼리, 선글라스 등을 판매한다. '괌 특산품'이라는 말이 나올 정도로 누구나 다 산다는 구찌만큼이나 괌에서 사면 좋은 명품 브랜드.

K마트 Kmart

24시간 운영하기 때문에 낮에는 관광과 액티비티를 즐기고 늦은 저녁시간을 활용해 쇼핑할 수 있다. 창고형 매장답게 다양한 미국 브랜드의 생활용품이 가득하다. 옷, 신발, 생활용품, 인형과 레고 장난감, 스노클링 세트 등 물놀이 용품, 과자와 음료 등 먹거리, 각종 영양제까지 아주 다양하게 갖춰져 있다. 선물용으로 좋은 괌 맥주, 초콜릿, 말린 열대과일 칩 등을 대량으로 구입하기 좋다. 또한 물놀이 용품이나 모래놀이 용품, 자외선 차단 지수가 높은 선크림은 한국에서 준비해 가기보다 K마트에서 구입해 사용하는 것을 추천한다.

📍 404 North Marine Dr, Tamuning 📞 671-649-9878
🕐 24시간 🏠 www.kmart.com

· **TIP** ·

신선 식품이나 주류는 빌리지 오브 돈키 또는 페이레스 슈퍼마켓에서 구입하는게 좋다.

K마트
필수 쇼핑 아이템

영양제

센트룸(Centrum)이 대표적이다. 성별, 연령별로 다양해 선물용으로도 좋다.

물놀이 용품

수경, 오리발, 튜브 등 물놀이 용품을 챙겨 오지 못했다면 K마트에서 저렴하게 구입할 수 있다.

선크림

자외선 지수가 높은 괌에서 선크림은 필수! 물놀이할 때는 한국에서 평소 바르던 선크림보다 SPF 지수가 높은 것을 바르자. 한국에서는 보기 힘든 SPF 100, 110 선크림을 구입하는 것도 방법이다.

텀스 Tums

천연 소화제라 임산부가 먹어도 안전하기로 유명하다.

과일 칩

망고, 파인애플, 애플망고 등 말린 과일 제품이 많은데 가장 유명한 것은 리치 바나나 칩(Rich Banana Chips)이다. 묶음으로 사면 좀 더 저렴하다.

아동 의류

종류가 많은 편은 아니나 디즈니 등 미국 브랜드 제품을 저렴하게 구입할 수 있다.

마카다미아 초콜릿

고소한 마카다미아와 진한 초콜릿이 매우 조화롭다. 다양한 제품이 있지만 가장 유명한 것은 마우나로아(Mauna Loa) 제품이다.

이지치즈 Eeasy Cheese

스프레이 형태로 가볍게 뿌려 먹을 수 있는 형태의 치즈. 크래커나 식빵에 뿌려 먹으면 맛있다.

아쿠아퍼 베이비 수딩 오인트먼트
Aquaphor Baby Soothing Ointment

침독크림으로 유명하다. 입가 및 접히는 부위, 기저귀 자극에 효과적이다.

스팸

데리야끼, 갈릭, 베이컨 맛 등 우리나라에서는 보기 힘든 다양한 맛의 스팸이 있다. 기념품이나 선물용으로 좋다.

데시틴 발진크림

신생아 기저귀 발진크림으로 유명하다. 파란색은 약한 발진이나 예방 차원용이고, 보라색은 심한 발진에 좋다.

오레오 쿠키

민트, 레드벨벳 맛 등 우리나라에서 보기 드문 종류가 있다.

ABC스토어 ABC Stores

1949년 하와이를 시작으로 현재는 괌, 사이판, 라스베이거스 등에 70개 이상의 매장이 있다. 괌에는 8개점이 있는데, 투몬을 비롯해 퍼시픽 플레이스, 괌 프리미어 아웃렛(GPO), 마이크로네시아 몰 등 주요 핫 플레이스에 위치해 어디서든 쉽게 찾아갈 수 있다는 게 최대 장점이다. 관광객이 많이 찾는 선크림, 물놀이 용품, 초콜릿과 마카다미아, 비치웨어 등 다양한 품목에 간단한 먹을거리, 맥주, 와인도 판매하니 숙소 근처에서 간단히 쇼핑하기 좋다. 다만 가격은 K마트보다 다소 비싼 편이니 선물용으로 대량 구입할 계획이라면 ABC스토어보다는 K마트를 이용하자. 괌 여행을 추억할 만한 다양한 기념품, 톡톡 튀는 아이디어 제품은 구경하는 재미가 쏠쏠하다. 영업시간은 지점마다 조금씩 다르니 방문하는 지점의 영업시간을 정확히 체크해보자.

📍 투몬점 1255 Pale San Vitores Rd, Tamuning 📞 671-646-0911 ⏰ 07:30~25:00
🏠 www.abcstores.com

ABC스토어
추천 아이템

한국 소주 + 컵라면

저녁에 출출해 야식이 필요할 때 주요 호텔이나 리조트 근처에서 쉽게 발견할 수 있는 ABC스토어를 이용하자.

버츠비 Burt's Bees

미국 천연 화장품으로 유명하며 특히 피부 진정에 효과적인 허브 성분 멀티밤인 레스큐 오인트먼트(Res-Q Ointment)와 립밤이 대표적이다.

기념품

괌 여행을 기념하기 좋은 냉장고 자석을 비롯해 트럼프 대통령을 모델로 한 병따개 등 톡톡 튀는 상품이 많다.

비치웨어

알록달록 하와이풍 비치웨어를 미리 준비해 가지 못했다면 가까운 ABC스토어를 방문해보자. 알록달록한 무늬에 괌 글자가 쓰인 비치타월과 비치백 등 물놀이 용품도 한국에 가져가 기념하기 좋다.

아동용 캐릭터 마스크

유치원 핼러윈 파티 때 쓰면 좋을 캐릭터 가면이 귀엽다.

타바스코 초콜릿 Tabasco Chocolate

핫소스로 유명한 타바스코의 스파이시 초콜릿. 첫 맛은 달콤하지만 점점 핫소스의 매운맛이 올라온다. 재미난 기념품으로 사볼 만하다.

JP슈퍼스토어 JP Super Store

괌 플라자 리조트와 연결되어 있는 쇼핑센터. 명품보다는 캐주얼 브랜드와 디자이너 브랜드 위주로 입점되어 있고 의류, 신발, 가방, 화장품, 먹을거리, 기념품까지 두루 다양한 제품을 판매한다. 특히 테이블웨어와 키친웨어 등 가정용품, 폴 스미스 주니어(Paul Smith Junior), 펜디 키즈(Fendi Kids), 겐조 키즈(Genzo Kids) 등 유아·아동복, 핏플랍(FitFlop), 하바이아나스(Havaianas) 등 신발 코너에서 JP슈퍼스토어 독점으로 판매하는 제품을 눈여겨보자. 다른 쇼핑몰에서 보기 힘든 아기자기하고 톡톡 튀는 아이디어 상품이 많아 구경하는 재미가 있다. 그 중에서도 애착인형으로 유명한 젤리캣 인형과 디자인과 색상이 다양한 에디 딤블디 제품은 꼭 실어보사.

📍 1328 Pale San Vitores Rd, Tamuning 📞 671-646-7887
🕐 11:00~20:00(월~목요일), 11:00~21:00(금~일요일)
🏠 www.jpshoppingguam.com

······················· **TIP** ·······················
투몬 중심가에서 가까워 접근성이 좋고 1층엔 TGI프라이데이, 브런치 카페로 유명한 리틀 피카스가 있으며, 길 건너편엔 에그 앤 띵스가 있어 쇼핑 후 먹거리를 즐기기에도 좋다.

더 플라자 The Plaza

플레저 아일랜드의 두짓비치 괌 비치 리조트 로비와 연결되며 두짓타니 괌 리조트, 수족관인 언더워터 월드까지 실내로 연결된 대형 쇼핑몰이다. '괌 특산품'이라고도 불리는 구찌를 비롯해, 미국 브랜드로 실속 있는 쇼핑이 가능한 코치(Coach)와 마이클 코어스(Michael Kors) 매장도 있다. 맞은편에 위치한 T갤러리아에도 매장이 있으나 더 플라자 매장이 더 크고 상품도 다양한 편이라 선택의 폭이 넓다. 또한 보테가 베네타(Bottega Veneta), 명품 캐리어 브랜드인 리모와(Rimowa), 독일 샌들 브랜드인 버켄스탁(Birkenstock) 매장이 있다. 한국인들에게 인기 있는 스투시(Stussy) 매장도 입점되어 있는데 괌 한정판 티셔츠 구입을 위해 오픈런을 하는 사람들이 많다. 그 밖에도 비치인 쉬림프, 하드록 카페 등 20여 개의 레스토랑이 들어서 있어 쇼핑과 다이닝을 동시에 즐길 수 있다.

📍 1275 Pale San Vitores Rd, Tumon Bay 📞 671-649-1275
🕐 10:00~21:00 💻 theplazaguam.com

---------- **TIP** ----------
샌들을 직접 만들어 신을 수 있는 레아레아 샌들(LeaLea Sandals)도 입점해 있으니 세상에서 단 하나뿐인 나만의 신발을 만들어보자.

투몬 샌즈 플라자 Tumon Sands Plaza

투몬 중심가에서 도보로 10분 정도 떨어진 곳에 위치하며, 원래는 20여 개 브랜드 매장을 보유하고 있는 쇼핑몰이었으나 지금은 대부분의 매장이 폐점 상태다. 현재는 일식 데판야끼 전문점 조이너스 케야키와 하와이 코나커피 전문점인 호놀룰루 커피 매장 정도만 운영 중이다.

📍 1082 Pale San Vitores Rd, Tumon 📞 671-646-6802
🕐 10:00~20:00 🏠 www.tumonsandsguam.com/stories-korean

구디스 스포팅 굿즈 Goody's Sporting Goods

구디스는 개인 피트니스와 골프, 테니스 등의 스포츠 용품을 판매하는 매장이지만 관광객에게는 우리나라에 정식으로 수입되지 않은 브랜드 예티(Yeti) 제품을 저렴하게 구매할 수 있는 곳으로 유명하다. 괌에서 제일 저렴하게 구입할 수 있는 곳이지만 사이즈나 색상이 다양하지 못하다는 게 단점이다. 마이크로네시아몰과 가까워 가는 길에 들르면 좋다.

🚶 마이크로네시아몰에서 도보 8분
📍 1340 N Marine Corps Dr, Upper Tumon
📞 671-646-4800 🕐 10:00~19:00
💲 25oz 텀블러 $38 🏠 goodysguam.com

퍼시픽 플레이스 Pacific Place

투몬의 북쪽 끝자락 부근, 웨스틴 리조트와 괌 리프 & 올리브 스파 리조트 건너편
에 위치한 초록색 포인트의 건물이 퍼시픽 플레이스다. 규모는 작은 편이지만 ABC
스토어, 유명 수영복 브랜드인 로코 부티크(Loco Boutique), 건강 보조식품을 구
입할 수 있는 GNC 매장, 그리고 이탈리안 레스토랑 카프리초사, 아웃백 스테이크,
카페 비너리 등 유명 레스토랑과 카페가 들어서 있어 가볍게 둘러보기 좋다.

📍 1411 Pale San Vitores Rd, Tamuning
📞 671-969-3500 🕐 11:00~22:00
🏠 www.pacificplaceguam.com

코스트유레스 Cost-U-Less

우리나라에도 있는 코스트코와 비
슷한 창고형 마트지만, 코스트코
와 달리 회원카드 없이 누구나
이용이 가능하다. 대량구매 상
품뿐 아니라 소량 포장 상품도
많고 과일과 채소 등 식품, 와인
과 맥주 등 주류, 종합 비타민 등 건강
보조식품도 저렴하게 판매한다. K마트만큼 상품이 다양하
진 않으나 더 저렴한 것도 있으니 시간 여유가 있다면 두 군
데 모두 들러도 좋겠다. 참고로 데데도점도 있지만 괌 프리
미어 아웃렛(GPO) 근처의 타무닝점이 편리하다. 세일 제품
은 홈페이지에서 미리 확인할 수 있다.

📍 265 Chalan San Antonio Rd, Tamuning 📞 671-649-4744
🕐 07:00~22:00 🏠 www.costuless.com/tamuning

페이레스 슈퍼마켓 Pay-Less Supermarkets

현지인들이 채소와 과일, 고기 등 식재료를 구입하는 슈퍼마켓으로 총 여덟 개 매장이 있다. 관광객이 주로 머무는 투몬 중심가에는 없고 가장 접근성이 좋은 매장이 호시노 리조트 근처의 타무닝점, 마이크로네시아 몰점이다. K마트에서 팔지 않는 과일과 와인을 구입할 때 이용하면 좋다. 또한 괌에는 바비큐가 가능한 공원이 많으니 슈퍼마켓에서 고기, 채소, 와인을 구입해 해변가 바비큐 파티에 도전해볼 수 있다. 영업시간은 매장별로 조금씩 다르지만 관광객의 접근이 쉬운 타무닝점과 마이크로네시아 몰점은 24시간 영업이라 언제든 편리하게 이용할 수 있다.

🏃 타무닝점 오션 퍼시픽 플라자(Ocean Pacific Plaza) 내, 마이크로네시아 몰점 쇼핑몰 1층 📍 타무닝점 291 Farenholt Avenue Tamuning, 마이크로네시아 몰점 1088 Marine Corps Dr #200, Liguan 📞 타무닝점 671-646-9301, 마이크로네시아 몰점 671-637-7233 🕐 24시간 🏠 www.paylessmarkets.com

캘리포니아 마트 California Mart

한국인이 운영하는 마트로 김치부터 라면, 한국 과자, 소주 등 없는 게 없어 여기가 한국인지 괌인지 구분이 안 될 정도다. 햄버거나 스테이크 같은 느끼한 괌 음식이 입에 맞지 않을까 걱정이라면, 취사 가능한 에어비앤비나 콘도미니엄을 이용하면서 간단히 음식을 만들어 먹는 것도 좋은 방법이다. 한국에서 구입할 때보다 당연히 값은 좀 비싸지만 무겁게 캐리어를 채워 가는 것보다는 훨씬 합리적이나. 조리된 밑반찬도 몇 가지 판매하고 있다.

📍 Chalan San Antonio, Tamuning 📞 671-649-4308 🕐 06:00~20:00

마트에서 살 수 있는
재미있는 아이템

초콜릿 맛의
변비약 ex·lax
▶▶ K마트 P.150

$19.49

매운맛이 나는
타바스코 초콜릿
▶▶ ABC스토어 P.152

$4.99

민트 맛
m&m's 초콜릿
▶▶ K마트 P.150

$4.99

태닝키티 인형
▶▶ ABC스토어 P.152

$14.99

우리나라에는 없는 맛의
오레오 쿠키
▶▶ K마트 P.150

$5.99

다양한 종류의
스팸
▶▶ K마트 P.150

$2.99

귀여운 인형이 달린
냄비장갑
▶▶ ABC스토어 P.152, K마트 P.150

$15

라테스톤 모양의
맥주잔
▶▶ 페이레스 슈퍼마켓 P.158

$9

스타워즈 칫솔
▶▶ ABC스토어 P.152

$9.99

100달러 모양의
카드
▶▶ ABC스토어 P.152

$7.99

하갓냐
BEST 3

01
스페인 광장,
라테스톤 등에서
인증샷 찍기

02
차모로 빌리지
야시장 로컬 푸드
맛보기

03
아름다운 전망의
카페에서 브런치
즐기기

대표 관광지가
밀집된

하갓냐(아가냐)
HAGATNA

미국 자치령인 괌의 수도로 아가냐 대
성당, 차모로 빌리지, 스페인 광장, 라테
스톤 공원 등 괌의 대표 관광지와 역사
유적지가 많은 곳이다. 역사보다 휴양
에 관심 있다면 전망 포인트에서 사진
을 찍고 바닷가 카페에서 브런치를 먹
으며 가볍게 즐기는 것도 좋다. 우리나
라에서는 1998년부터 스페인어 발음
인 아가냐를 차모로어에 근접한 하갓
냐로 바꾸어 부르고 있다.

ACCESS

○ 투몬 & 타무닝

차량 혹은 트롤리 셔틀버스 ⓒ 15분

○ 스페인 광장

○ T갤러리아

트롤리 셔틀버스 ⓒ 20분

○ 파세오 드 수사나 공원(차모로 빌리지)

하갓냐
(아가냐)
상세 지도

아가냐 만

• 자유의 라테 전망대

 11 리카르도 J. 보르달로 괌 정부청사 & 아델럽 곶

슬링스톤 커피 & 티 03

06 슬로우 워크 커피 로스터즈

0 170m

모사스 조인트
01

파세오 드 수사나 공원
04

차모로 빌리지 야시장
스키너 광장
03
05 크랩 대디

시레나 공원 06
07
추장 키푸하 동상

투레 카페 02
01 커피 슬럿

슬링스톤 커피 & 티 03
04 크러스트

스택스 스매쉬 버거
03

02 칼리엔테

마이티 퍼플 카페 05
08 괌 박물관

01 아가냐 대성당

02 스페인 광장

산타 아구에다 요새
10

라테스톤 공원
09

04 피즈 & 코

01 아가냐 쇼핑센터

아가냐 대성당 Dulce Nombre de Maria Cathedral Basilica

괌은 물론, 마리아나 제도를 통틀어 가장 오래되고 규모가 큰 가톨릭 성당이다. 차모로인 최초로 세례를 받은 키푸하(Quipuha) 추장이 디에고 루이스 데 산 비토레스(Diego Luis de San Vitores) 신부에게 기증한 부지에 세워졌다. 성당은 1670년 완공되었으며, 제2차 세계대전으로 쑥대밭이 된 뒤 1959년 재건되어 지금의 모습이 됐다. 내부에는 괌에 액운이 닥치면 눈물 흘린다는 카마린 성모상(Santa Maria del Camarin)과 간략한 가톨릭 역사를 보여주는 일곱 개의 스테인드글라스가 화려하게 장식되어 있다. 성당 앞 도로 중앙에는 1981년 괌을 방문한 교황 요한 바오로 2세의 동상이 놓여 있다.

🚶 스페인 광장 바로 옆 📍207 Archbishop FC Flores St, Hagatna
📞671-472-6201 🕐08:00~12:00, 13:30~16:30, 일, 목, 토요일 휴무 🏠 www.aganacathedral.org

·········· **TIP** ··········
새하얀 성당 외관, 그리고 바로 옆 스페인 광장 잔디밭의 'GUAM' 글자 조형물 덕분에 인증샷 찍기 좋다.

스페인 광장 Plaza de Espana

여행객들에겐 평화롭고 조용한 광장이자 스페인 양
식의 건축물을 볼 수 있는 이국적인 관광지이나 사실
은 괌의 슬픈 역사를 간직한 곳이다. 괌은 1565년부
터 1898년까지 333년간 스페인의 통치를 받았는데,
이곳은 당시 스페인 총독의 관저로 사용된 곳으로 특
별한 방문객을 위한 접대 장소이기도 했다. 태평양전
쟁으로 건물 대부분이 붕괴했고, 현재는 왕실 창고
입구로 사용되던 알마센 아치(Almacen Arches), 야
외 음악당으로 사용되던 정자 키오스코(Kiosko), 스
페인 전통에 따라 방문객에게 다과를 대접한 응접실
초콜릿 하우스(Chocolate House) 등이 남아 있다.
얼마 남지 않은 유적이니 천천히 산책하며 괌의 아픈
역사를 되새겨보자. 괌을 대표하는 관광지답게 최근
새로 단장한 'GUAM'이라는 대형 글자 조형물이 야
자수 아래 세워져 있으니 인증샷을 남겨보는 것도 좋
겠다.

🚶 아가냐 대성당 바로 옆 📍 Plaza de Espana, Hagatna
🕐 24시간

차모로 빌리지 야시장 Chamorro Village Night Market

평일 낮엔 다소 한적한 차모로 빌리지. 그러나 매주 수요일 저녁 무렵이면 관광객은 물론이고 현지인의 발길도 몰려 북적거리기 시작한다. 차모로 빌리지 입구 쪽에 있는 메인 홀에서는 라이브 공연이 펼쳐지며 노점상이 빌리지를 가득 메운다. 빌리지 근처에 도착하면 흥겨운 음악소리와 숯불 바비큐 냄새에 마음이 설렐 것이다. 차모로 수공예품, 괌에서 입기 좋은 원피스, 아기자기한 기념품을 쇼핑하기 좋다. 갖가지 바비큐와 레드라이스 도시락 등 차모로 음식을 다양하게 판매하는데, 코코넛 과육을 고추냉이 간장 소스에 찍어 먹는 코코넛 사시미의 특별한 맛은 놓치지 말자.

🚶 파세오 드 수사나 공원 앞　📍 153 Marine Corps Dr, Hagatna　📞 671-475-0376　🕐 월~토요일 10:00~18:00, 일요일 10:00~15:00, 수요일 야시장 17:30~21:30　🏠 shopchamorrovillage.com

---

TIP

수요일에만 운행하는 트롤리 셔틀버스를 이용하는 것도 좋다. 출발은 괌 프리미엄 아울렛(GPO)에서만 2회(17:30, 18:15), 돌아가는 버스는 19:00, 20:10 야시장에서 출발해 투몬 셔틀 북쪽 방향 버스 정류장에서 정차한다(성인 $15, 어린이(6세~11세) $8).

차모로 빌리지 야시장
베스트 메뉴

01

바비큐 꼬치
괌에서 쉽게 볼 수 있는 대표적인 전통 음식으로 주차장까지 진동하는 바비큐 냄새를 그냥 지나칠 수 없다. 돼지고기, 닭고기, 각종 해산물까지 다양한 꼬치구이를 맛볼 수 있다.

02

와사비 코코넛 Wasabi Coconut
코코넛 음료를 마시고 나서 절대 그냥 버리지 말고 주인에게 과육을 요청해보자. 간장과 고추냉이를 찍어 먹으면 코코넛 과육에서 꽤 그럴싸한 회 맛을 느낄 수 있다.

03

타호 Taho
따뜻한 연두부에 타피오카를 얹은 음식. 담백하고 부드러운 두부와 달콤한 타피오카가 잘 어울린다.

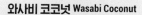

04

부코 판단 Buko Pandan
코코넛 밀크에 초록색 젤리 알갱이가 씹히는 차가운 음료. 부코는 코코넛을 뜻하며, 초록색 젤리는 판단 잎으로 만들어서 붙은 이름이다. 타피오카를 추가해 먹을 수 있다.

05

쿠친타 Kutchinta
코코넛 토핑을 올린 노란색 찹쌀떡.

06

비빙카 Bibingka
찹쌀에 코코넛 밀크나 물을 섞어 만든 일종의 술빵. 큰 바나나 잎에 비빙카 반죽을 부어 만들며 토핑으로 버터나 마가린, 설탕, 치즈, 코코넛을 추가하기도 한다.

07

바나나 룸피아
Banana Lumpia
바나나를 춘권에 말아서 기름에 튀긴 음식으로 겉은 바삭하고 속은 일반 바나나보다 훨씬 달콤한 맛이 난다.

파세오 드 수사나 공원 Paseo de Susana Park

차모로 빌리지 뒤쪽에 위치하니 수요일 저녁 야시장을 방문하며 함께 둘러보자. '수사나의 산책(paseo)'이라는 이름처럼 저녁 무렵 조깅을 하거나 강아지와 함께 산책하는 현지인, 데이트하는 연인을 쉽게 발견할 수 있다. 또한 바다 쪽으로 바위를 쌓아놓은 포인트가 있어 일몰을 감상하기 좋다. 공원 한쪽엔 5미터 높이의 미니어처 '자유의 여신상'이 서 있는데 1950년 미국 보이스카우트 창립 40주년을 기념해 괌에 전달된 것이다. 매년 7월에는 괌 광복절 축제와 퍼레이드가 이곳에서 펼쳐지기도 한다.

🚶 차모로 빌리지 뒤쪽 📍 Paseo de Susana Park, Hagatna 📞 671-475-6354 🕐 24시간

추장 키푸하 동상 Chief Quipuha(Kepuha) Statue

키푸하는 차모로인의 훌륭한 지도자로 존경받았던 추장으로 17세기 차모로족을 통일했으며, 마리아나 제도에 발 디딘 예수회 선교사들에게도 호의적이었다. 차모로인 최초로 가톨릭 세례를 받고, 괌 최초의 가톨릭 성당인 아가냐 대성당을 지을 수 있도록 부지를 기증하는 등 예수회의 포교에 적극적이었다. 현재 그의 유해는 아가냐 대성당에 안치되어 있다.

🚶 차모로 빌리지, 파세오 드 수사나 공원 입구
📍 110 W Soledad Ave, Hagatna

시레나 공원 Sirena Park

시레나 공원 자체보다는 전설 속 인어상과 산 안토
니오 다리(San Antonio Bridge)가 유명하다. '스페
인 다리'라고도 불리는 산 안토니오 다리는 제2차
세계대전 당시 폭격을 견딘 채 현재까지 그 원형을
유지하고 있다. 다리 앞쪽에 세워진 인어상은 예부
터 전해지는 전설이 있다. 집안일을 돕지 않고 매일
같이 물놀이에만 빠져 있던 딸에게 보다 못한 엄마
가 '그렇게 물놀이만 하면 결국 물고기가 될 것'이라
며 저주의 말을 퍼붓자 그 소녀는 물고기로 변하기
시작했다. 이를 불쌍히 여긴 대모가 도중에 저주를
풀어주어 소녀는 인어가 되었다고 한다. 공원 자체
는 작고 눈에 잘 띄지 않으니 너무 기대하면 실망할
수도 있다.

🚶 차모로 빌리지에서 도보 3분
📍 Sirena Park, Aspinall Ave, Hagatna 🕐 24시간

스키너 광장 Skinner Plaza

스페인 광장에서 교황 바오로 2세 동상을 지나 길
을 건너면 스키너 광장으로 이어진다. 괌 최초의 민
간인 주지사가 된 칼튼 스키너(Carlton Skinner)의
이름을 딴 광장으로 제2차 세계대전 당시 희생된
괌 군인들을 기리기 위한 기념비가 세워져 있다. 스
페인 광장 및 아가냐 대성당과 연결되어 있으니 함
께 둘러보면 좋다.

🚶 스페인 광장 맞은편 괌 박물관 옆 📍 193 Chalan Santo
Papa Juan Pablo Dos, Hagatna 🕐 24시간

괌 박물관 Guam Museum

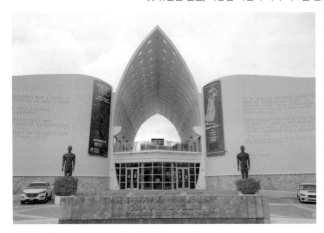

2016년 11월 새롭게 문을 연 괌 박물관은 차모로인의 역사와 문화를 알리기 위해 옛 유물은 물론, 다양한 사진과 기록 자료를 전시하고 있다. 또한 괌에 대한 전시뿐 아니라 각종 페스티벌이 열리는 지역 문화의 장소로도 사용되고 있다. 건물은 스페인 광장 맞은편 교황 바오로 2세 동상과 마주하고 있다. 박물관 2층에서 스페인 광장과 아가냐 대성당을 배경으로 사진 찍기 좋다.

🚶 스페이 광장 맞은편 📍 193 Chalan Santo Papa Juan Pablo Dos, Hagatna 📞 671-989-4455 🕐 09:00~16:00 (화~목), 14:00~17:00(금, 토요일), 일, 월요일 휴무 💲 성인 $3, 학생(5~17세) $1, 5세 미만 무료 🏠 guammuseum. org

---

라테스톤 공원 Latte Stone Park

라테스톤은 서기 500년경 차모로 전통 주택을 지을 때 기초로 쓰던 스톤헨지 양식의 기둥이다. 지주 역할을 하는 '할라기(haligi)' 위에 '타사(tasa)'라고 하는 반석을 올린 형태로 괌 남부 페나강 유역에서 발견된 것을 1956년 이곳에 옮겨놓았다. 공원에는 여덟 개의 라테스톤이 두 줄로 세워져 있는데, 돌의 크기나 기둥 높이로 사용자의 사회적 지위를 알 수 있다고 한다. 공원 한쪽엔 태평양전쟁 당시 일본군이 차모로인과 한국인을 강제로 동원해 만든 방공호가 있다.

🚶 스페인 광장 뒤쪽으로 도보 3분 📍 Latte Stone Park, W O'Brien Dr, Hagatna 🕐 24시간

산타 아구에다 요새 Fort Santa Agueda

아름다운 아가냐 베이와 필리핀해의 풍경을 한눈에 볼 수 있는 전망 포인트. 원래는 스페인이 괌을 점령한 1800년대에 괌의 행정 중심지였던 하갓냐(아가냐)를 차모로 족으로부터 방어하기 위해 만든 요새다. 스페인 통치 시절의 요새 가운데 유일하게 남아 있는 곳이며 1963년 공원으로 조성되고, 1974년 국가유적으로 등재되어 오늘날에 이르렀다.

🚶 스페인 광장에서 차로 3분
📍 Tutuhan, Agana Heights, Fort Ct, Hagatna ⏱ 24시간

리카르도 J. 보르달로 괌 정부청사 & 아델럽 곶 Ricardo J. Bordallo Governor's Complex & Adelup Point

주지사의 공식 관저로 사용되고 있는 곳으로 바다를 따라 언덕 위 아델럽 곶까지 가는 절경이 매우 아름답다. 청사 입구에는 초대 주지사였던 리카르도 J. 보르달로의 동상이 있고, 청사 오른편 언덕엔 제2차 세계대전 당시 사용된 대포가 놓여 있다. 주지사 관저 뒤편엔 24미터 높이의 대형 라테스톤 모양 전망대가 있다. 전망대에서 보는 풍경도 아름답지만, 청사 주위의 야자수와 어우러진 라테스톤 전망대가 이국적이다. 주지사 관저 내부를 관람할 수는 없으나 사진 찍기 좋아 인기 있는 곳.

🚶 차모로 빌리지를 지나서 남부 방향, 차로 3분 📍 Marine Corps Dr, Hagatna
📞 정부청사 671-472-8931, 아델럽 곶 671-475-9380 ⏱ 정부청사 08:00~17:00(토·일요일은 휴무), 아델럽 곶 08:00~16:00(주말·공휴일은 09:00~12:00) 💲 정부청사 무료, 아델럽 곶 성인 $3, 어린이(만 6~12세) $1

모사스 조인트 Mosa's Joint

괌 햄버거 대회에서 2012년, 2013년 두 차례 우승을 차지한 햄버거 맛집이다. 2012년 우승한 이곳의 블루치즈 버거는 시금치, 버섯, 블루치즈가 절묘하게 조화된 패티 덕분에 다른 햄버거와 확연히 다른 맛을 느낄 수 있다. 2013년 우승한 양고기 버거는 양고기 패티에 큼직한 할라피뇨 튀김 두 개를 올려 양고기 특유의 향을 잡아준다. 사이드로 샐러드나 감자튀김, 고구마튀김 중 하나를 선택할 수 있다. 아직은 관광객에게 많이 알려지지 않아 한국인이 많지 않은 로컬 맛집이다.

🚶 차모로 빌리지에서 500m 📍 324 W Soledad Ave, Hagatna
📞 671-969-7469 🕐 11:00 21:00, 빌뇨빌 휴무 💲 버거 $11.5~, 스테이크 $30.95~ 🍴 블루치즈 버거 $13.95, 양고기 버거 $16.95
🏠 www.mosasjointguam.com

02 최고의 멕시코 음식점

칼리엔테 Caliente

아가냐 대성당과 그 주변 관광지 가까이에 위치한 멕시칸 레스
토랑이다. 관광객에겐 아직 많이 알려지지 않았지만 식사시간에 가
면 발 디딜 틈 없을 정도로 현지인들 사이에서는 유명한 곳이다. 타
코, 부리토, 퀘사디아, 나초 등 멕시코 요리가 주를 이루는데 멕시코
현지에서 먹는 것 못지않게 맛있다. 한글 메뉴는 없지만 한국어가 가능한
직원이 있어 어렵지 않게 주문할 수 있다. 나초가 기본으로 제공
되며 소스 코너가 따로 마련되어 있어 마음껏 가져다
먹을 수 있다.

🚶 아가냐 대성당에서 도보 2분 📍 Archbishop
FC Flores St, Hagatna 📞 671-477-4681
🕐 11:00~19:00, 일요일 휴무 💲 부리토
$11.5~, 퀘사디아 $9~, 타코 $5~ 🍴 타코 샐
러드 $14.5~, 퀘사디아 $9

.... **TIP** ....
오후 5시부터 7시까지는 해피아워로 모든 알코올 음
료를 1달러 할인한다.

03 로컬 버거 맛집

스택스 스매쉬 버거 Stax Smash Burgers

하갓냐 차모르 빌리지, 스페인 광장과 가까운 거리에 위치하
고 있는 로컬 햄버거 맛집이다. 단 4종류의 햄버거와 사이드,
음료로 구성된 심플한 메뉴밖에 없지만 합리적인 가격과 버
거 맛으로 현지인과 관광객에게 인기가 많다. 버거 패티는 추
가금을 내면 더블(+$2.75), 트리플(+$5.55)로 업그레이드할
수 있다. 심플한 인테리어와 어울리는 굿즈도 판매한다.

🚶 차모로 빌리지에서 도보 2분 📍 10 W Soledad Ave, Hagåtña
📞 671-969-7829 🕐 11:00~21:00(일요일 휴무) 💲 클래식 버거
$7.99, 할라피뇨 버거 $9, 프렌치프라이 $3.99, 소다 $2
🏠 www.stax.wtf

크러스트 Crust

2016년 2월 문을 연 피자 전문점으로, 제대로 된 나폴리식 피자를 구현하기 위해 나폴리 장인이 3대째 만드는 '스테파노 페라라 가마'를 직접 공수해 왔다고 한다. 단맛이 강한 '산 마르차노' 지방의 토마토와 정제도 높은 밀가루를 사용해 800도에서 구워낸 피자는 나폴리 현지에서 먹는 피자와 흡사하다. 깔끔하고 세련된 인테리어에 오픈 키친이 인상적이다. 피자 말고도 샐러드, 파스타 등 다양한 메뉴가 있는데 파스타보다는 피자를 추천한다.

🚶 차모로 빌리지에서 차로 3분 📍665 S Marine Corps Dr Ste 202 Tamuning 📞671 647 8008 🕐11:00~14:00, 17:00~22:00 💲샐러드 $15~, 피자 $17~, 파스타 $16~ (별도 +10%) 🍴마르게리타 피자 $17, 파파르델레 마르살라 $26 🏠crustpizzeriaguam.com

크랩 대디 Crab Daddy

비주얼과 맛 좋기로 소문난 맛집이다. 애피타이저, 메인 등 단품 메뉴도 괜찮지만 가장 인기 있는 메뉴는 단연 크랩이나 랍스터, 다양한 해산물과 사이드 등이 제공되는 콤보 B, C 메뉴. 콤보 메뉴를 주문하면 커다란 비닐봉지 속에 요리된 해산물들이 담겨져 나오는데 테이블에 모두 쏟아 부어 놓고 제공되는 비닐장갑을 끼고 먹으면 된다. 사보노 야시장 입구에 위치하고 있어 수요일 저녁 야시장 가는 길, 또는 남부투어 가는 길에 들르면 좋다. 맛도 있고 먹는 재미도 있지만 가격은 다소 비싼 편이다.

🚶 차모로 빌리지 야시장 앞 📍117 E Marine Corp Dr, Hagatna 📞671-477-2722 🕐11:00~15:00, 17:00~21:00(월~목요일). 11:00~21:00(금~일요일) 💲애피타이저 $12.95~, 메인 $16.95~, Combo $59.95~ 🍴Combo A $59.95, Combo B $79.95, Combo C $99.95 🏠www.crabdaddyguam.com

커피 슬럿 Coffee Slut

괌에서 맛있는 커피를 찾기란 쉽지 않다. 그동안 괌에서 마신 커피 맛이 조금 아쉬웠다면 커피 슬럿을 찾아보자. 예전에는 남부투어 초입의 해변가에 위치해 있어 전망 좋고 커피 맛있는 카페로 유명했는데, 괌 프리미엄 아울렛과 코스트유레스 부근으로 이전해서 이제 특별한 전망은 없다. 주로 콜드브루와 니트로 커피를 판매하고 있다. 커피 맛에 비해 와플 등 디저트는 평이한 편이다.

🏃 마린 드라이브 투레 카페 옆 📍 265a Chalan San Antonio #14, Apotgan 📞 671-683-2016 🕐 월07:00~18:00(월~금요일), 08:00~18:00(토, 일요일) 💲 커피 $2~, 샌드위치 $4~ ✖ 니트로 콜드브루 커피 $3, 아이스 시그니처 클래식(니트로 커피+크림+설탕) $6 🏠 coffeeslut.co

투레 카페 Ture Cafe

아가냐 베이의 에메랄드 빛 바다를 보며 커피를 마실 수 있다는 것만으로도 이미 특별한 카페다. 아름다운 전망을 배경으로 사진을 찍는 관광객이 대부분이지만 식사를 하러 오는 현지인도 많다. 커피 등 음료뿐 아니라 토스트, 버거, 파스타, 스테이크 등 다양한 메뉴를 판매한다. SNS에 올라오는 멋진 인증샷에 비해 커피 맛과 실제 인테리어는 다소 아쉬울 수 있다. 렌터카를 이용한 남부 여행의 길목에 위치하고 있으니 커피 한잔을 테이크아웃해 가는 것도 좋겠다. 오후 3시까지만 영업을 하니 가기 전에 시간 체크를 하는 것이 좋다.

🏃 차모로 빌리지에서 차로 3분 📍 Marine Corps Dr, Hagatna 📞 671-479-8873 🕐 07:00~15:00 💲 커피 $4.99~, 브렉퍼스트 메뉴 $11.99~, 버거 $14.99~ ✖ 아이스커피 $5.75 🏠 www.turecafe.com

03 드라이브스루 카페

슬링스톤 커피 & 티 Sling Stone Coffee & Tea

투몬에서 하갓냐 가는 길에, 또 하갓냐를 지나 남부로
가는 길 주지사 관저 부근에 하나씩 있는 드라이브스루
(drive-through) 카페. 투몬에서 일부러 찾아 가기에
는 애매한 위치지만 남부 여행 중에 커피를 마시기 좋
다. 다만 투몬에서 남부로 가고 있었다면 차를 유턴해야
한다는 점이 조금 불편하다. 길가의 커다란 컨테이너 건
물에 거북이 그림이 그려져 있어 찾기 쉽다. 커피와 주스
등 음료뿐 아니라 샌드위치, 크루아상 등 간단한 먹을
거리도 판매한다. 최근에는 하갓냐 지역 이외에도 투몬
등에 4개 지점이 생겼다.

🚶 (A) 차모로 빌리지에서 차로 2분, (B) 괌 정부청사 맞은편
📍 (A) 284 S Marine Corps Dr, Hagatna, (B) Anigua, Adelup,
502 W, Marine Corps Dr, Hagatna 📞 (A) 671-969-2233,
(B) 671-922-1734 ⏰ 06:00~18:00 💲 커피 $4~, 베이커리
$4.9~, 아메리카노 $4, 콜드브루 $4.5 🏠 www.facebook.
com/slingstonecoffeetea

04 레트로 감성 가득한 공간

피즈 & 코 Fizz & Co.

1950년대를 연상케 하는 레트로 감성의 인테리어가 돋
보이는 카페. 상큼한 민트색 벽, 빨강 체크무늬 테이블
보, 매장 한쪽 벽을 채운 낙서에 온갖 소품이 가득해 빈
티지 느낌으로 사진 찍기 좋다. 슈퍼맨 모형, 어릴 때 많
이 먹던 젤리와 껌, 오래된 영화 포스터 등 소품 구경하
는 재미가 있다. 소다 음료가 메인이지만 핫도그와 버거
등 식사 메뉴도 있어 한 끼를 때울 수 있다. 시원한 딸기
음료 위에 생크림이 가득 올라간 스트로베리 크림이 가
장 인기 메뉴.

🚶 아가냐 쇼핑센터 내 📍 302 South Route 4 Suite 100,
Hagatna 📞 671-922-3499 ⏰ 11:00~20:00 💲 소다류
$3.75~, 밀크셰이크 $7.25~, 핫도그 $4.5, 버거 $10.25 (별도
+10%) 🍴 스트로베리 크림 소다 $4.25, 뉴욕 핫도그 $7.25 (별
도 +10%) 🏠 www.facebook.com/fizzsodashop

05 건강과 맛을 동시에

마이티 퍼플 카페 Mighty Purple Cafe

'마이티 퍼플'이라는 카페 이름에 걸맞게 보라색 간판, 보라색 메뉴와 의자로 인테리어 포인트를 준 카페다. 매장 천장엔 초록색 식물을 매달아놓아 음식뿐 아니라 인테리어도 건강해 보인다. 과일 스무디, 샌드위치도 있지만 메인 메뉴는 '아마존의 보랏빛 진주' 아사이로 만든 아사이 볼(Acai Bowl)이다. 아사이를 퓨레 형태로 만들어 볼에 담고 각종 과일이나 견과류 토핑을 올려 먹는데, 맛도 좋고 건강에도 좋아 한 끼 식사로 손색없다. 괌의 기름진 음식에 질렸다면 꼭 방문해보자.

🚶 아가냐 대성당에서 도보 4분 📍 173 Aspinall Ave, Hagatna 📞 671-747-4579 🕐 09:00~19:00 💲 아사이 볼 $9(12oz), $11(16oz), $15(24oz), 브레드바 $6~ 🍴 마이티 퍼플 볼(16온스) $10 🏠 www.mightypurplecafe.com

.... **TIP** ....
바로 옆 매장은 인사이드 숍으로 편집숍이 운영 중이니 함께 둘러보면 좋다.

06 커피 박물관을 방불케 하는 대형 카페

슬로우 워크 커피 로스터즈 Slowalk Coffee Roasters

괌에서는 보기 드문 3층짜리 대형 카페로 오픈하자마자 관광객뿐 아니라 현지인에게도 많은 인기를 얻고 있다. 커피 박물관 콘셉트 인테리어로 다양한 커피 관련 앤티크 제품을 구경하는 재미도 있다. 한국인이 운영하는 카페답게 제주 말차 라테 등의 메뉴도 준비되어 있다. 크로플과 와플 등의 디저트 메뉴뿐 아니라 불고기 샐러드, 고추장 치킨 바이트 등 한국식 메뉴도 판매한다.

🚶 괌 정부 종합청사에서 도보 3분 📍 123 6, Maina, 96910 📞 671-486-8595 🕐 09:00~21:00 💲 아메리카노 $5, 카페라떼 $5, 말차라떼 $6, 크로플 $6

아가냐 쇼핑센터 Agana Shopping Center

괌에서 가장 오래된 쇼핑센터로 문을 연 지 40년가량 되었지만 2005년 리노베이션을 거쳐 새롭게 오픈했다. 관광객이 주로 머무르는 투몬과는 다소 거리가 있어 일부러 쇼핑하러 가게 되는 곳은 아니다. 입점한 매장은 명품보다는 저가 로컬 및 미국 브랜드가 주를 이루며 대형 마트인 아가냐 마켓플레이스(Agana Marketplace)와 로스(Ross)가 있어 현지인이 주로 애용하는 쇼핑센터다. 토니 로마스, 카프리초사, 피자헛, 판다 익스프레스, 서브웨이, 타코벨 등 세계적으로 유명한 체인 음식점이 들어서있고 시나본, 피즈 & 코, 차타임 등 디저트를 판매하는 매장도 많으니 잠시 들러 쉬어 가기 좋다. 하갓냐 지역의 관광명소가 몰려 있는 아가냐 대성당이나 스페인 광장과 가까워 가는 길에 둘러보면 좋다.

🚶 아가냐 대성당 근처 📍 302 South Route 4 Suite 100, Hagatna 📞 671-473-5027
🕐 10:00~20:00 🏠 aganacenter.com

REAL GUIDE

이 정도는 알아두자!
차모로어 기본 회화

괌은 원주민 언어인 차모로어와 영어를 공용어로 사용한다.
미국령이라 기본적으로 영어를 사용할 수 있어 편하지만
간단한 현지어 표현 몇 가지로 친근함을 표현해보는 건 어떨까.

안녕하세요 (아침)
Manana Si Yu'os 마나나 시 주스

안녕하세요 (오후)
Ha'anen Maolek 하아넨 마오렉

안녕하세요 (저녁)
Pue'ngen Maolek 푸에겐 마오렉

안녕 (Hello)
Håfa Adai 하파데이

감사합니다
Si Yu'os Ma'åse 시 주스 마아세

이름이 뭔가요?
Hayi na'an-mu? 하이 나안-무?

제 이름은 ~입니다
Na'an hu si~ 나나 후 시~

네
Hunggan 훙간

아니오
Åhe' 아헤

안녕 (Goodbye)
Adios 아디오스

괌 남부
BEST 4

01
피쉬아이 마린파크
액티비티 즐기기

02
메리조 부두에서
인생사진
남기기

03
이나라한 자연
풀장에서 신나게
물놀이

04
세티 베이 전망대
탁 트인 뷰
감상하기

자연 그대로의 괌을
느끼고 싶다면

괌 남부
SOUTH GUAM

투몬 지역에서 바닷가 리조트에 누워 휴식을 취하거나 맛집을 찾고 쇼핑하며 시간을 보냈다면, 하루쯤은 자연 그대로의 괌을 느낄 수 있는 남부로 떠나보자. 아직 곳곳에 태평양전쟁의 상처가 남아 있지만 투몬이나 하갓냐(아가냐)와는 또 다른 괌의 매력을 느낄 수 있다. 드라이브 중간중간 차를 세우고 전망대에 올라 끝없이 펼쳐지는 바다를 바라보거나, 이나라한 자연 풀장에서 수영을 즐기고 메리조 부두에서 인생사진을 남겨보자. 대중교통이 불편하니 렌터카를 추천하지만 택시 투어나 여행사 상품도 있다.

ACCESS

○ **투몬 출발**

⋮ 차량 ⏱4~6시간

○ **투몬 도착**

*천천히 둘러보면 최소 반나절 이상 소요되니 일정은 여유롭게 잡자.

괌 남부
상세 지도

아산 비치 & 태평양전쟁 국립역사공원 02

에메랄드 밸리 04

피쉬아이 마린파크 해중전망대 01

03 아산 베이 전망대

피쉬아이 컬처 디너쇼 01

T. 스텔 뉴먼 관광 안내소 05
(태평양전쟁 역사기념관)

아갓 마리나 06

마리나 그릴 02

탈리팍 다리 07

셀라 베이 전망대 08

세티 베이 전망대 09

우마탁 마을 11

파라 이 라라히타 공원 10

솔레다드 요새 12

14 메리조 마을

곰바위 15

메리조 부두 13

0   1.25km

19 파고 베이 전망대

03 제프스 파이러츠 코브

17 이나라한 벽화마을

16 성 요셉 성당

18 이나라한 자연 풀장

피쉬아이 마린파크 해중전망대 Fish Eye Marine Park Underwater Observatory

괌 스노클링, 스쿠버다이빙 명소인 피티 밤 홀(Piti Bomb Holes) 지점에 약 300미터 길이의 다리를 놓고 그 끝에는 아름다운 바닷속을 볼 수 있는 해중전망대를 만들어놓았다. 괌의 5대 해양 보호 구역의 하나인 피티 베이의 피티 밤 홀은 제2차 세계대전 당시 미군과 일본군의 포격전에서 생겨난 구덩이로, 200여 종의 열대어와 해양생물이 가득해 괌에서 아름답기로 손꼽힌다. 해중전망대 계단을 따라 지하 10미터로 내려가면 24개의 창 너머로 바닷속 아름다운 산호와 열대어는 물론, 스쿠버다이빙을 즐기는 다이버의 모습도 볼 수 있다. 괌의 바다는 직접 들어가 눈으로 보는 게 최고지만 스노클링이 어려운 연령대의 부모님이나 아이와 함께하는 여행이라면 이곳을 방문해보자. 바다 빛깔은 오전이 가장 아름다우며 저녁에 보는 일몰도 근사하다.

🚶 하갓냐(아가냐) 중심부에서 차로 5분 📍 818 North, Marine Corps Dr, Piti 📞 671-475-7777 🕐 09:00~17:00 💲 해중전망대 성인 $16, 어린이(만 6~11세) $8 🏠 www.fisheyeguam.com

······································· **TIP** ·······································
피쉬아이 컬처 디너쇼(Fish Eye Cultural Dinner Show)와 함께 이용하면 해중전망대 입장료를 할인된 가격으로 이용할 수 있다. P.193

아산 비치 & 태평양전쟁 국립역사공원 Asan Beach & War in the Pacific National Historical Park

아산 비치는 제2차 세계대전 당시 미군이 일본군으로부터 괌을 탈환하기 위해
해군 상륙작전을 펼친 곳이다. 이후 참전 군인들의 희생을 기리고 전쟁의 아픔
을 기억하기 위해 조성된 공원에서는 야자수가 펼쳐지고 현지인들이 조깅과 산
책을 즐기는 모습을 볼 수 있다. 큰 볼거리가 있는 건 아니니 가볍게 둘러보자.

🏃 하갓냐(아가냐) 중심부에서 차로 4분,
피쉬아이 마린파크 해중전망대 가기 전
📍 Marine Corps Dr, Asan
🕐 09:00~16:00(일·월요일 휴무)
🏠 www.nps.gov/wapa

아산 베이 전망대 Asan Bay Overlook

아산 비치의 멋진 해안선을 감상할 수 있는 전망대. 1994년 괌 해방 50주년을
맞아 제2차 세계대전 당시 미군 상륙작전의 격전지에 만들어졌다. 아산 베이 전
망대 기념 벽에는 전쟁에서 희생된 이들의 이름이 새겨져 있다. 1997년 대한항
공 여객기가 추락한 곳이기도 해 마음이 절로 숙연해진다. 저녁에는 별빛 투어
가 이루어지는 장소이기도 하다. 렌터카가 있다면 개인적으로 방문해 별을 감
상해도 된다.

🏃 하갓냐(아가냐) 중심부에서 차로 약 7분
📍 Asan Bay Overlook, 6, Asan
🏠 www.nps.gov/wapa/planyourvisit/
asan-bay-overlook.htm

에메랄드 밸리 Emerald Valley

피쉬아이 마린파크를 지나 남부 여행을 하며 들르기에 적당한 코스로, 인스타그램 등 SNS에서 '괌 인생사진 찍기 좋은 곳'으로 입소문을 타고 있다. 바다로 이어지는 작은 수로일 뿐이지만 에메랄드 빛깔의 물이 신기하고 아름답다. 고여 있는 물이라 파도가 없이 잔잔하고 물 색이 아름다워 당장이라도 뛰어들어 스노클링을 하고 싶지만, 물뱀과 성게가 많아 스노클링을 하기에는 적합하지 않다. 눈으로 보고 인증샷을 남기는 것으로 만족하자.

🚶 피쉬아이 마린파크에서 차로 2분
📍 Emerald Valley, Hwy 11, Piti

.... **TIP** ....
마린 드라이브에서 에메랄드 밸리까지 가는 길 오른편으로 펼쳐지는 바다 전망도 훌륭하니 놓치지 말자.

T. 스텔 뉴먼 관광 안내소(태평양전쟁 역사기념관) T. Stell Newman Visitor Center

해군 부대 근처에 있는 태평양전쟁 기념관이다. 내부에는 제2차 세계대전 관련 자료가 전시되어 있고 당시 상황을 생생하게 볼 수 있는 영상도 상영한다. 군복과 철모를 착용하고 기념 촬영을 할 수 있으며 기념품 숍에서는 관련 서적을 비롯해 해군 기념품 등을 판매한다.

🚶 피쉬아이 마린파크에서 차로 6분 📍 1657-R, Santa Rita
📞 671-333-4050 🕐 09:00~16:00(일·월요일 휴무) 💲 무료
🏠 www.nps.gov/wapa/t-stell-newman-visitor-center.htm

.... **TIP** ....
안내 데스크에 요청하면 한국어 영상을 볼 수 있다.

아갓 마리나 Agat Marina

선셋 크루즈, 돌핀 크루즈 등 다양한 투어 프로그램이 시작되는 선착장이다. 대부분 픽업 차량을 이용해 방문하기 때문에 개인적으로는 잘 가지 않지만 렌터카를 이용한다면 남부 여행 코스에 넣어 요트를 배경으로 기념사진 찍는 것도 추천할 만하다. 파란 하늘과 바다, 흰 요트 배경이 한 폭의 그림 같다. 아갓 마리나에 있는 마리나 그릴(Marina Grill) 레스토랑에서 식사를 하는 것도 좋다.

🏃 피쉬아이 마린파크에서 차로 14분 📍 Agat Marina, Agat

탈리팍 다리 Taleyfac Spanish Bridge

1785년 스페인 통치 시대에 만들어진 아치형 다리. 하갓냐(아가냐)와 우마탁 마을을 잇는 해안 도로에 있다. 원래는 나무로 만들어졌으나 파손된 후 19세기 중반 돌로 복원해 지금의 모습이 되었다. 초록 이끼로 덮인 모습 때문에 멋스러운 사진을 찍을 수 있다. 사진에 비해 실제 모습은 작고 초라하게 느껴질 수 있다는 점은 참고하자.

🏃 피쉬아이 마린파크에서 차로 15분
📍 Taleyfac Spanish Bridge, Agat

셀라 베이 전망대 Sella Bay Overlook

괌에서 가장 높고 울창한 람람(Lamlam)산에 위치한 전망대. 울창한 나무숲을 따라 오르면 셀라 베이와 멀리 코코스(Cocos)섬까지 볼 수 있다. 오르는 길은 계단이 많고 숲이 울창해 모기가 많은 편이니 여유 있는 일정이 아니라면 과감히 생략하고 근처의 세티 베이 전망대만 가도 좋다.

🚶 남부 2번 도로, 탈리팍 다리에서 차로 3분
📍 Sella Bay Overlook, 2, Umatac 🕐 24시간

세티 베이 전망대 Cetti Bay Overlook

괌 남부 여행을 하다 보면 별다른 표지판은 없지만 길가에 차가 길게 주차된 모습이 보인다. 이곳에 차를 세우고 1층 공간을 지나 2층으로 향하는 가파른 계단을 몇 개 올라가면 셀라 베이 전망대와는 달리 탁 트인 세티 베이의 전망을 볼 수 있다. 고대 화산 분출로 만들어진 1,000여 개의 완만한 구릉지대 너머 세티 베이의 모습이 장관이다.

🚶 남부 2번 도로, 탈리팍 다리에서 차로 5분
📍 Cetti Bay Overlook, 2, Umatac 🕐 24시간

파라 이 라라히타 공원 Para I Lalahi Ta Park

베트남전쟁에 참전했다가 목숨을 잃은 괌 출신 군인 74명을 추모하기 위해 조성된 기념공원이다. 전망대는 아니지만 우마탁 마을이 내려다보이는 전망 때문에 관광객이 종종 방문하는 곳이다. 남부 여행 진행 방향이 아닌 도로 반대쪽에 있어 그냥 지나치기 쉽다. 일정에 여유가 있다면 지나는 길에 들러보자.

🚶 세티 베이 전망대에서 차로 4분 📍 Para I Lalahi Ta Park, 2, Umatac

우마탁 마을 Umatac Village

1521년 세계일주 중이던 포르투갈 출신 탐험가 페르디난드 마젤란이 괌에서 처음 발 디딘 곳으로 알려졌으며 마젤란 기념비가 세워져 있다. 매년 3월 첫째 주 월요일은 마젤란을 통해 괌이 외부 세계에 알려진 것을 기념하여 '괌 발견의 날(Guam Discovery Day)' 축제가 열린다. 축제 기간을 제외하면 조용한 마을로 우마탁 베이의 경치와 함께 둘러보기 좋다.

🚶 세티 베이 전망대에서 차로 6분 ♥ Umatac Village, 2, Umatac

·· TIP ··
우마탁 마을에서 볼 만한 곳

❶ 산 디오니시오 성당 San Dionisio Church
1681년 처음 세워졌지만 불에 타고 태풍과 지진으로 무너지기를 반복해, 현재 모습은 1939년 재건된 모습이다. 노란색 건물의 성당과 맞은편 십자가는 우마탁 마을의 '포토 스폿'이다.

❷ 우마탁 다리 Umatac Bay Bridge
스페인 양식의 건축물로, 리카르도 J. 보르달로 주지사에 의해 건설되었다. 산 디오니시오 성당과 마젤란 기념비를 지나면 볼 수 있는데 빨간색 테두리의 지붕이 인상적이다.

❸ 마젤란 기념비 Magellan Monument
세계일주를 하던 마젤란 일행이 괌을 발견하고 우마탁 베이에 상륙한 것을 기념해 세워졌다. 산 디오니시오 성당과 우마탁 다리 사이에 있다.

솔레다드 요새 Fort Nuestra Senora de la Soledad

19세기 초 해안에 접근하는 적을 감시하고 마을을 지키기 위해 만들어진 요새. 감시탑으로 사용되던 작은 초소와 세 개의 대포가 복원되어 있다. 탁 트인 필리핀해와 우마탁 마을 풍경이 그림같이 펼쳐지며, 요새 입구에는 큰 나무와 그 아래 벤치가 있어 아름다운 경치를 보며 잠시 쉬어 가기 좋다. 괌에 있는 많은 전망 포인트 가운데 딱 한 곳만 고른다면 이곳을 추천한다.

🚶 우마탁 마을에서 차로 2분 📍 Fort Nuestra Senora de la Soledad, 2, Umatac

메리조 부두 Merizo Pier

메리조 마을 입구에 위치한 작은 부두. 메리조 마을은
'작은 물고기'를 뜻하는 차모로어에서 그 이름이 유래했
을 만큼 낚시하기 좋은 곳이다. 나무 데크로 만들어진
메리조 부두는 현지 아이들이 다이빙과 수영을 즐기는
소박한 곳이지만, 데크 끝에서 찍은 사진들이 SNS를 통
해 퍼지면서 인생사진을 찍으려는 괌 관광객의 필수 코
스가 되었다. 햇빛이 반사되어 반짝이는 한낮의 바다도
좋지만, 해질녘 붉게 물드는 노을을 배경으로 찍는 사진
도 근사하다. 바로 옆에는 코코스(Cocos)섬으로 향하
는 보트 선착장이 있다.

🚶 솔레다드 요새에서 차로 5분 📍 Merizo Pier, 4, Merizo

메리조 마을 Merizo Village

지금은 조용하고 아름다운 마을이지만 제 2차 세계대전 당시 일본군에 의해 대학살을 겪은 가슴 아픈 역사가 있는 곳이다. 메리조 부두에서 인생사진을 남기고, 산 디마스를 기리는 미사와 축제가 열리는 산 디마스 성당(San Dimas Catholic Church), 괌에서 가장 오래된 민간인 주택 메리조 콘벤토(Merizo Conbento), 메리조 종탑과 괌의 수호성인 카마린 성모상이 세워져 있는 산타 마리아 카말렌 공원(Santa Marian Kamalen Park)까지 가볍게 둘러보자.

🚶 솔레다드 요새에서 차로 5분, 메리조 부두를 지나서 바로 근처 📍 Merizo Village, 4, Merizo

15 곰 형상의 바위

곰바위 Bear Rock

메리조 마을을 지나 이나라한 자연 풀장으로 향하는 도중 바닷가 건너로 보이는 바위 모습이 곰을 닮아 곰바위로 불린다. 사진에서 보는 것보다 훨씬 작아 일부러 찾지 않으면 잘 보이지 않는다.

🚶 메리조 마을에서 차로 14분 📍 Bear Rock Lane, Inarajan

성 요셉 성당 St. Joseph Catholic Church

스페인 통치 아래 세워진 가톨릭 성당으로, 여러 번 붕괴되었다가 1990년대 후반 재건된 모습이다. 매년 3월과 5월에 마을의 수호 성인을 기리는 피에스타 행사가 열린다. 성 요셉 성당을 마주보고 오른쪽 길로 가면 이 나라한 벽화마을이다.

🚶 곰바위에서 차로 4분
📍 St. Joseph Catholic Church, 4, Inarajan

이나라한 벽화마을 Inarajan Mural Village

주민들이 떠난 낡고 오래된 마을에 예술인이 하나둘 모여 벽화를 그리기 시작했고, 지금은 빈티지한 마을 사진을 찍기 위해 관광객들이 찾는 곳이 되었다. 실제로 가보면 낡은 집들이 소박하게 모여 있는 모습에 당황할 수 있으니 큰 기대 없이 가벼운 마음으로 들러보자.

🚶 성 요셉 성당에서 산호세 애비뉴 방향으로 좌회전 후 약 100미터 📍 138, San Jose Ave, Inarajan

이나라한 자연 풀장 Inarajan Natural Pool

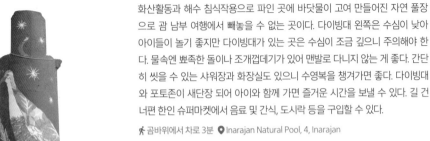

화산활동과 해수 침식작용으로 파인 곳에 바닷물이 고여 만들어진 자연 풀장으로 괌 남부 여행에서 빼놓을 수 없는 곳이다. 다이빙대 왼쪽은 수심이 낮아 아이들이 놀기 좋지만 다이빙대가 있는 곳은 수심이 조금 깊으니 주의해야 한다. 물속엔 뾰족한 돌이나 조개껍데기가 있어 맨발로 다니지 않는 게 좋다. 간단히 씻을 수 있는 샤워장과 화장실도 있으니 수영복을 챙겨가면 좋다. 다이빙대와 포토존이 새단장 되어 아이와 함께 가면 즐거운 시간을 보낼 수 있다. 길 건너편 한인 슈퍼마켓에서 음료 및 간식, 도시락 등을 구입할 수 있다.

🚶 곰바위에서 차로 3분　📍Inarajan Natural Pool, 4, Inarajan

파고 베이 전망대 Pago Bay Overlook

파고 베이와 요나 마을의 모습을 볼 수 있는 전망대. 큰 도로변에 있어 그냥 지나치기 쉽다. 지나가는 길에 잠시 들러보자.

🚶 이나라한 자연 풀장에서 차로 23분
📍Pago Bay Overlook, Yona

01 전통 공연과 차모르식 그릴 뷔페를 즐길 수 있는

피쉬아이 컬처 디너쇼 Fish Eye Cultural Dinner Show

트로피컬 식물들이 가득한 가든 레스토랑에서 차모르식 그릴 뷔페를 즐길 수 있다. 디너쇼는 불쇼, 전문 댄서들의 퍼포먼스 및 라이브 공연으로 구성된다. 피쉬아이 해중전망대 입장권 및 호텔 픽업 및 드롭이 포함된 옵션 선택도 가능하다.

🏃 피쉬아이 마린파크 해중전망대 맞은편 📍 818 N Marine Corps Drive Piti, 5524, 96915 📞 671-475-7777 🕐 디너 뷔페 18:50~20:00, 아일랜드 쇼 20:00~21:00(시간은 시즌마다 달라질 수 있음) $ 기본 디너 코스 성인 $102, 어린이(만4세~11세) $51 / 기본 디너 코스 +해중전망대 성인 $112, 어린이(만4세~11세) $56 🏠 fisheyeguamtours.com

마리나 그릴 Marina Grill

돌핀 크루즈 등 투어 프로그램이 시작되는 아갓 마리나 항구에 위치한 레스토랑이다. 아름다운 바다에 그림같이 떠다니는 요트를 바라보며 식사할 수 있는 야외 테이블이 있다. 투몬이나 하갓냐(아가냐)에 비해 음식점이 절대적으로 부족한 남부에서 귀한 곳이다. 버거 외에도 치킨이나 스테이크 등 다양한 메뉴가 있다. 레스토랑 옆에서 운영하는 바에 들러 아름다운 전망을 보며 칵테일 한잔 마시는 것도 좋다.

🏃 피쉬아이 마린파크에서 차로 14분 📍 Agat Marina, Route 2, Agat
📞 671-564-0215 🕐 11:00~21:00(월~금요일), 09:00~21:00(토·일유익)
💲 애피타이저 $9~, 버거 $13.5~, 메인 $17/~ (별도 +10%)
🍴 BBQ 콤보 $22, BBQ 숏 립 $22 (별도 +10%)

제프스 파이러츠 코브 Jeff's Pirates Cove

괌 남부에서 가장 유명한 수제 버거 전문점으로 특히 한국인에게
인기가 많다. 해적을 콘셉트로 삼아 배와 해적 관련 소품으로 꾸
몄으며 햄버거 번에 해적 로고가 찍혀 나오는 게 특징이다. 명
성에 비해 맛은 평범한 편이지만 남부 여행을 마치는 지점에
위치해 허기를 채우기 좋고, 이판 비치(Ipan Beach)가 보이는
테라스석의 전망이 아름답다. 해적이 그려진 티셔츠 및 다양
한 기념품을 판매하기도 하니 식사가 아니더라도 드라이브하
는 길에 잠시 들르면 좋다.

🚶 이나라한 자연 풀장에서 차로 15분 📍 111 Route 4, Ipan Talofofo
📞 671-789-8646 🕐 10:00~18:00(월~목요일), 09:00~19:00(금~일요일) 💲 버거 $14~, 메
인 $26~, 칵테일 $10~ (별도 +10%) 🍴 제프스 페이머스 홈메이드(Jeff's Famous Homemade
1/2lb) 치즈 버거 $18 (별도 +10%) 🏠 www.jeffspiratescove.com

괌 북부
BEST 4

01
사랑의 절벽에서
자물쇠 걸고
인증샷

02
리티디안 비치,
NCS 비치에서
바다 즐기기

03
데데도 벼룩시장
로컬 문화 체험

04
마이크로네시아
몰에서
알뜰 쇼핑

또 다른 괌의 매력을
즐기고 싶다면

괌 북부
NORTH GUAM

북부는 대부분 군사 지역으로 출입이 금지된 곳이 많지만 그렇기 때문에 때 묻지 않은 자연이 그대로 보존되어 있다. 이른 새벽의 데데도 벼룩시장을 시작으로 쇼핑하기 좋은 마이크로네시아 몰, 괌에서 가장 아름다운 바다라는 리티디안 포인트, 비극적인 사랑 이야기를 간직한 사랑의 절벽 등 절대 놓칠 수 없는 명소를 둘러보자.

ACCESS

○ 투몬 출발

│ 차량 ⓣ3~4시간 이상

○ 투몬 도착

* 북부는 투어 상품을 통해 다니는 게 안전하고 합리적이다. 렌터카를 이용한다면 늦지 않게 출발하는 것이 좋다.

괌 북부
상세 지도

비치인 쉬림프 ①1
판다 익스프레스 ②2
페퍼런치 ③3
이디야 커피 ④4

①1 마이크로네시아 몰

데데도 벼룩시장 ⑤5

NCS 비치 ③3
탕기슨 비치 ②2
사랑의 절벽 ①1

①1
마이크로네시아 몰

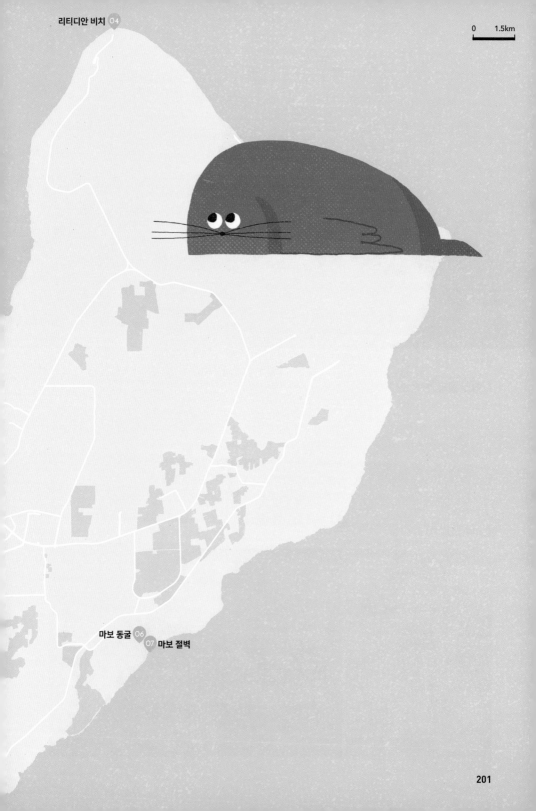

리티디안 비치 04

마보 동굴 06
07 마보 절벽

0   1.5km

201

사랑의 절벽 Two Lovers Point

112미터 높이의 절벽 위 전망대에 오르면 남태평양과 필리핀해를 동시에 볼 수 있다. 그 아름다운 풍경에는 가슴 아픈 사랑 이야기가 전해져 온다. 스페인 식민지 시절 스페인 장교가 차모로족 여인에게 반해 결혼을 강요했으나 이미 사랑하는 사람이 있던 여인은 연인과 달아났고, 결국 사랑의 절벽 끝에서 서로의 머리를 묶은 채 뛰어내렸다고 한다. 이런 전설 때문에 영원한 사랑을 꿈꾸는 연인들이 함께 자물쇠를 채우고 '사랑의 종'을 치는 모습을 볼 수 있다.

🚶 투몬에서 북쪽 방향, 차로 10분 📍 Route 34, Tamuning 📞 671-647-4107
🕘 09:00~18:00 💲 $3(만 6세 이하 무료) 🏠 www.puntandosamantes.com

탕기슨 비치 Tanguisson Beach

리티디안 비치만큼 알려져 있진 않지만 '사랑의 절벽'에서 멀지 않고 접근성이 좋으며 버섯 모양의 바위가 있는 곳으로 유명하다. 그런데 정작 버섯바위는 탕기슨 비치에 있는 게 아니라 북쪽으로 도보 10분 정도 이동해야 하는 NCS 비치에서 볼 수 있다. 탕기슨 비치에서는 공장이 보이고 바다 자체도 그리 예쁘지 않아 실망하고 돌아서는 사람이 많다. 이곳에 주차하고 버섯바위가 있는 NCS 비치로 도보 이동하는 것을 추천한다.

🚶 사랑의 절벽에서 차로 5분
📍 Tanguisson Beach, Dededo

NCS 비치 NCS Beach

바다에 버섯 모양의 바위가 솟아 있는 모습이 매우 아름답고 물이 맑아 스노클링을 즐기기 좋다. 버섯바위가 있는 곳이 탕기슨 비치라고 알려져 있지만 정확하게는 탕기슨 비치를 따라 북쪽으로 10분가량 걸어가야 하는 NCS 비치에 있다. 주차 후 걸어가는 길이 조금 험하지만 고생 끝에 만나는 NCS 비치의 모습은 리티디안 비치보다 아름답다. 안쪽 편한 길이 있으나 사유지로 출입이 통제되어 있으니 아름다운 바다를 보기 위해 조금 참고 걸어보자.

🚶 탕기슨 비치에서 도보 10분 📍 NCS Beach, Dededo

> ───── TIP ─────
> 버섯바위가 있는 NCS 비치는 탕기슨 비치 주차장에 차를 세워놓고 도보로 이동해야 한다. 인적이 드문 곳이니 도난에 주의하자.

리티디안 비치 Ritidian Beach

북쪽 끝자락, 야생동물 보호 구역에 위치한 리티디안 비치는 괌에서 가장 아름답기로 유명한 해변이다. 에메랄드 빛 바다는 새하얀 모래와 물고기가 훤히 비칠 정도로 깨끗하지만 상주하는 인명구조 요원이 없고 파도가 거꾸로 치는 이안류가 심해 위험할 수 있으니 수심 깊은 데까지는 절대 들어가지 말자. 그동안 가는 길이 비포장도로에 움푹 파인 웅덩이도 있어 호락호락하지 않았는데, 최근에 도로 공사를 해서 편하게 갈 수 있게 되었다. 하지만 오후 4시면 문을 닫으며 파도가 높은 날에는 입장이 금지되기 때문에 출발 전 입장 가능 여부를 확인해야 한다. 워낙에 인적이 드문 곳이라서 주차된 차량의 유리를 깨고 차 안의 물건을 훔쳐 가는 도난 사고가 빈번하니, 불가피하게 차량에 물건을 두어야 한다면 눈에 보이지 않게 트렁크 속에 넣어놓자. 샤워 시설 등 편의시설은 전혀 없으니 간단히 씻을 물을 미리 준비해 가는 게 좋다.

🚶 투몬에서 북쪽방향, 차로 40분 📍 Ritidian Point, Yigo 📞 671-355-5096
🕐 07:30~16:00(월·화요일 휴무) 🏠 일기예보 forecast.weather.gov

TIP
파도가 조금만 높아도 입장이 불가능하니 출발 전 호텔 프런트에 부탁해 전화로 확인한 다음 출발하도록 하자.

데데도 벼룩시장 **Dededo Flea Market**

매주 토요일과 일요일 새벽 5시부터 오전 10시까지 네
시간 동안 반짝 열리는 벼룩시장이다. 생활용품, 간단한
먹거리와 농산물, 알록달록한 패턴의 옷가지를 사고파
는 모습을 볼 수 있다. 관광객을 위한 시장이 아니기 때
문에 너무 기대하고 가면 생각보다 소박한 모습에 실망
할 수 있다. 그러나 30년 전통의 괌 로컬 시장인 만큼 현
지인의 생활을 들여다보고 싶다면 놓치지 말자. 크게 살
만한 건 많지 않지만 소소한 먹거리를 맛보는 것만으로
도 충분히 즐겁다. 셔틀버스가 운행되는 새벽 6시부터
오전 8시 30분까지가 피크타임이니 가급적 이 시간에
방문하도록 하자.

🚶 투몬에서 차로 9분　📍 Marine Corps Dr north, Dededo
🕐 토·일요일 05:00~10:00

-------------------- **TIP** --------------------
렌터카를 이용하는 게 가장 편리하지만 뚜벅이 여행자라면 토요
일 새벽에 단 1회 운행하는 레드셔틀을 이용하면 좋다. 사전 예
약 필수이며 요금은 왕복 기준 성인 $20, 어린이(6세~12세) $10,
5세 이하 무료다.

마보 동굴 Marbo Cave

괌 동부에 위치한 마보 동굴은 천연 침식 동굴로 관광객들에게 잘 알려지지 않은 숨은 관광지다. 비포장도로를 한참 달려야 하고 주차한 뒤에도 한참을 걸어야 비로소 만날 수 있지만 그 신비로운 모습은 괌 어디에서도 대신할 수 없다. 마보 동굴로 들어가면 믿을 수 없을 만큼 투명한 물에서 스노클링과 다이빙을 할 수 있다. 다만 보기보다 수심이 깊으니 조심해야 한다. 개인적으로 갔다가는 위험할 수 있으니 마보 절벽과 함께 가급적 투어 상품으로 가는 것을 추천한다.

🚶 마이크로네시아 몰에서 차로 20분
📍 Marbo Cave, Mangilao

마보 절벽 **Marbo Cliffside**

마보 동굴에서 나와 5분쯤 걷다 보면 태평양과 마주
하는 마보 절벽을 만날 수 있다. 하얗게 부서지는 파
도와 깎아지르는 자연 절벽이 장관을 빚어낸다. 투몬
비치의 에메랄드 빛 잔잔한 바다와는 또 다른 매력을
느낄 수 있다. 하지만 가는 길이 험하고 인적 드문 주
차장에서는 도난 사고가 빈번하기 때문에, 개별적으
로 방문하기보다는 마보 동굴과 함께 투어로 방문하
는 것을 추천한다.

🏃 마이크로네시아 몰에서 차로 20분
📍 Marbo Cliff, Man gilao

비치인 쉬림프 Beachin' Shrimp

코코넛 튀김옷을 입혀 바삭한 코코넛 쉬림프와 매콤한 감바스가
대표 메뉴로 누가 먹어도 맛있는 음식들을 판매하고 있어 인기
가 많다. 일부러 찾아갈 필요는 없지만 마이크로네시아
몰에서 쇼핑하다가 출출해질 때 식사하기 좋다. 음
식은 전반적으로 한국인의 입맛에 잘 맞는 편. PIC
리조트 맞은편과 투몬 중심가 더 플라자 1층에도 지점이 있다.

🏃 마이크로네시아 몰 1층 📍 1088 Marine
Corps Dr, Dededo 📞 671-989-3226
🕐 11:00~20:00 💲 새우요리 $17.99~, 랍스
터 파스타 $30.99 (별도 +10%) 🍴 코코넛 쉬
림프 $20.99, 감바스 알아히요 $18.99 (별도
+10%)

판다 익스프레스 Panda Express

2,000개 이상 지점을 보유한 미국 최대 캐주얼 중식 레스토랑 체인으로 괌에
는 괌 프리미어 아울렛과 마이크로네시아 몰, 아가냐 쇼핑센터의 푸드코트에
입점해 있다. 볶음밥, 탕수육 등 익숙한 음식을 저렴한 가격에 푸짐하게 먹을
수 있다.

🏃 마이크로네시아 몰 2층 푸드코트 📍 1088 Marine Corps Dr, Dededo 📞 671-969-
8388 🕐 10:00~21:00 💲 골라먹기(Pick a Meal) $10.3~, 단품 빅스(M) $4.63, (L) $5.6
🏠 www.pandaexpress.com

페퍼런치 Pepper Lunch

일본의 유명한 저가 스테이크 레스토랑 체인 페퍼런치를 괌 마이크로네시아 몰에서도 만날 수 있다. 물가 비싼 괌에서 지글지글 불판에 나오는 스테이크를 가성비 좋게 즐길 수 있어 식사시간에 가면 웨이팅은 필수다. 인기 메뉴는 김치와 소고기를 뜨거운 철판에 구워먹는 김치 비프 페퍼 라이스(Kimchee Beef Pepper Rice). 느끼한 음식에 질렸을 때 먹으면 딱 좋은 메뉴다.

🏃 마이크로네시아몰 내 📍 1088w Marine Corps Dr, Liguan 📞 671-969-2333 🕐 10:00~20:30 💲 클래식 비프 페퍼 라이스 $10.5, 김치 비프 페퍼 라이스 $11.5, 프리미엄 스테이크 $17.9~

이디야 커피 Ediya Coffee

우리나라 토종 커피 프랜차이즈 이디야의 첫 번째 해외 가맹점을 괌 마이크로네시아몰에서 만나볼 수 있다. 국내 상시 메뉴는 물론이고 현지 특성이 반영된 특화 음료 및 베이커리도 맛볼 수 있다. 호떡, 미니 붕어빵, 식혜 등 한국 전통 음료와 베이커리는 현지인들에게도 인기가 많다. 맛있는 커피 마시기가 어려운 괌에서 검증된 아메리카노를 $2.99라는 저렴한 가격에 이용할 수 있어 마이크로네시아몰 쇼핑 중 잠시 쉬어가기 좋다.

🏃 마이크로네시아몰 내 📍 1088 W Marine Corps Dr, Liguan 🕐 10:00~20:00(일~목요일), 10:00~21:00(금·토요일) 💲 아메리카노 $2.99, 카페라테 $4.2 🏠 www.ediya.com

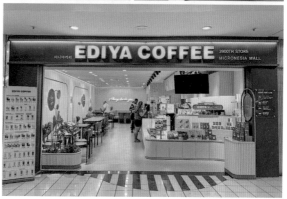

마이크로네시아 몰 Micronesia Mall

괌 최대 규모의 쇼핑몰로 120여 개의 브랜드
가 입점해 있을 뿐 아니라 미국 유명 백화점
인 메이시스(Macy's)와 대형 마트인 페이레
스 슈퍼마켓(Pay-Less Supermarkets), 창고
형 할인매장인 로스(Ross), 푸드코트와 영화
관까지 갖추고 있는 복합 쇼핑몰이다. 데데도
에 위치해 투몬에서는 거리가 있는편이다. 예
전에는 무료 셔틀 버스를 운영하고 있어 편리
했으나 코로나 이후 무료 셔틀버스가 없어져
렌터카나 레드 구아한 셔틀버스를 이용해야
한다. 대부분의 브랜드를 연중 할인된 금액으
로 구입할 수 있지만 특히 폴로, 카터스, 캘빈
클라인, 갭 등 미국 중저가 브랜드를 눈여겨
보자.

📍 1088 Marine Corps Dr, Dededo
📞 671-632-8881 🕐 10:00~21:00
🏠 www.micronesiamall.co.kr

1층 입구의 안내 데스크에서 여권을 제시하면 받을
수 있는 10퍼센트 할인쿠폰은 꼭 챙기자.

마이크로네시아 몰
대표 추천 매장

로스 Ross

창고형 매장인 로스가 GPO점에 이어 2호점을 오픈했다. GPO점에 비해 규모는 작은 편이지만 사람이 많지 않아 이용하기 좋다. 보물찾기를 하는 기분으로 잘 찾으면 아주 저렴하게 의류, 신발, 장난감, 생활용품, 캐리어 등을 구입할 수 있다.

랄프로렌 Ralph Lauren

마이크로네시아 몰에서 딱 한 군데만 가야 한다면 랄프 로렌 매장을 추천할 정도로 우리나라에서 구입하는 가격과 비교해 할인 폭이 큰 편이다. 아동용이 가격도 저렴하고 제품도 다양하니 보통 체격의 어른이라면 아동복 코너의 큰 사이즈를 노려보는 것도 알뜰 쇼핑 팁.

비타민월드 Vitamin World

각종 영양제를 저렴한 가격에 판매한다. 한국인 직원이 상주해 편리하다. 각종 영양제 이외에 레티놀 크림도 인기가 많다.

스텝 Step

어그, 미네통카, 탐스, 닥터마틴, 버츠비 등 의류 및 잡화를 판매하는데 특히 O.P.I 매니큐어 제품이 아주 저렴한 편.

고디바 Godiva

고급스런 패키지의 초콜릿 세트는 선물용으로 좋은데, 특히 가격이 저렴한 고디바 프레즐이 인기다. 마이크로네시아 몰 메이시스 백화점 1층 고디바 매장이 특히 저렴하다.

펀타스틱 파크 Funtastic Park

미니 롤러코스터, 회전목마, 범퍼카와 각종 오락기구 등이 있는 실내 놀이 시설이다. 쇼핑을 지루해하는 아이와 함께 가볼 만하다.

쉽고 즐거운 여행 준비

GUAM

여행 준비
& 출입국

괌에 대한 정보를 어느 정도 파악했다면 이제 본
격적으로 여행을 준비할 차례. 단계별로 챙겨야
할 것을 꼼꼼히 정리했으니 그대로 따라 하기만
하면 첫 해외여행이라도 문제없다.

D-50
여행 정보 수집

1 괌에 대해 알아보기

괌 여행을 결정하고 나면 가이드북, 카페, 블로그 및 각종 SNS 채널을 이용해 여행 정보를 수집해보자. 가볍게 한번 둘러보면서 내가 원하는 여행 스타일이 무엇인지 파악하고 여행 기간 및 항공권, 숙소 예약 방법, 대략적인 일정 등을 따져보자.

2 개별 자유여행 vs 패키지 여행

누구와 함께 어떤 스타일로 여행할지에 따라 조금씩 달라지겠지만, 괌 여행은 리조트에 머무는 시간이 많은 편이고 렌터카 이용 및 운전이 어렵지 않아 그 어느 여행지를 다닐 때보다 자유여행 하기 편리하다. 운전을 못해도 무료 셔틀버스와 트롤리 셔틀버스 등 대중교통이 잘되어 있으니 걱정할 필요 없다. 해외 자유여행 경험이 없는 분들에게는 그 첫 경험으로 괌을 적극 추천한다.

3 여행 기간 정하기

3박 4일 또는 4박 5일 일정이 일반적이지만 요즘은 아이들 방학을 이용해 보름 살기, 한 달 살기 식으로 장기 여행을 하는 사람도 늘고 있다. 괌 여행은 비행시간이 길지 않고 밤 비행기가 있어 직장인도 휴가 없이 주말 동안 가볍게 떠날 수 있다. 밤 비행기로 새벽 괌에 도착한다면 첫날은 저렴한 가격의 호텔이나 라운지에 묵으면서 여행 경비를 절약할 수 있으니 참고하자.

★ 2020년부터 적용되는 신 여권 디자인

D-40
여권 발급 및 ESTA 신청

1 여권 만들기

해외여행을 위해 가장 먼저 할 일은 여권 발급이다. 여권은 외국에서 신분증 역할을 하므로 출입국 시 반드시 필요하다. 항공권을 예매할 때 여권 없이 예매하고 추후에 여권 정보를 입력할 수도 있지만, 일단 여행이 결정되었다면 여권부터 만들어놓는 게 여러모로 편리하다. 여권은 유효기간에 따라 복수여권과 단수여권으로 구분되는데 복수여권은 5년 내지 10년간 횟수에 제한 없이 사용 가능한 여권을 말한다. 단수여권은 유효기간이 1년이며 유효기간이 남아 있어도 한 번만 사용 가능하기 때문에 유의해야 한다. 여권 신청은 각 시·도·구청의 여권 발급과에 할 수 있으며, 6개월 이내 촬영한 여권용 사진 1매와 신분증, 여권발급신청서 1부(기관에 배치)가 필요하다. 귀국 날짜를 기준으로 여권 유효기간이 6개월 이상 남아 있어야 한다.

TIP
괌에서 여권 분실 시

괌에는 다행히 한국 영사관이 있어 임시 여권으로 사용할 수 있는 여행증명서를 당일에 어렵지 않게 발급받을 수 있다. 다만 주말에는 영사관이 업무를 하지 않기 때문에 숙소와 항공권 일정을 늘려 월요일까지 기다려야 하는 상황이 발생할 수도 있다.

•**준비물**: 여권용 사진 2매, 신분증, 한국으로 돌아가는 항공권, 수수료 $7

🚶 괌 영사관(주 하갓냐 대한민국 출장소) 📍 153 Zoilo St, Tamuning 📞 671-647-6488 🕐 09:00~12:00, 13:30~17:00, 토·일요일 휴무
---

2 ESTA 승인 신청

괌은 우리나라와 무비자 협정 체결이 되어 있어 45일 이내에 한해 별도의 비자 없이 입국이 가능하다. 45일 이상 90일 이내의 여행이거나 입국 심사 시 소요 시간을 줄이고 싶다면 인터넷으로 미리 ESTA(Electronic System for Travel Authorization, 전자여행허가제) 승인을 신청하면 된다. 45일 이내의 여행이라면 ESTA 승인 없이도 입국에는 전혀 문제가 없지만, 어린아이나 연로한 부모님과 함께하는 여행이라면 대기 시간을 줄이기 위해 승인받는 게 좋다. 또한 괌에서 미국의 다른 지역으로 이동해야 한다면 반드시 미리 승인받아야 한다.

ESTA 비자 신청하는 법 🏠 https://esta.cbp.dhs.gov/esta
💲 $21(미화 결제 가능한 신용카드 또는 페이팔Paypal로 결제 가능)

D-35
항공권 예약

우리나라에서 괌까지 비행시간은 4시간 남짓. 운항하는 항공사는 대한항공, 제주항공, 진에어, 티웨이항공, 에어서울, 에어부산이다. 항공 스케줄은 저녁 출발이 오전 출발보다 많고 가격도 저렴한 편이다. 하지만 저녁 출발 비행기를 타면 괌에 새벽 1~2시 도착해 첫날 하루를 잠만 자다 보낼 수도 있다. 특히 어린아이나 연로한 부모님과 함께하는 여행이라면 저녁 비행기는 피하는 게 좋다.

인천-괌 노선
- 대한항공 🏠 koreanair.com
- 제주항공 🏠 jejuair.net
- 진에어 🏠 jinair.com
- 티웨이항공 🏠 twayair.com
- 에어서울 🏠 flyairseoul.com

부산-괌 노선
- 에어부산 🏠 airbusan.com

TIP 1
항공권 구입은 여행 경비의 상당한 비중을 차지하므로 조금이라도 싼값에 예매하려는 노력이 필요하다. 저비용 항공사(LCC)들이 다양한 프로모션 행사를 진행하니 미리 눈여겨보면 원하는 날짜의 항공권을 저렴하게 예매할 수 있다. 항공권 프로모션 및 가격 비교 앱과 사이트는 부록 MApp BOOK을 참고!

TIP 2
저비용 항공사의 프로모션 항공권을 구입할 때는 수하물과 기내식, 취소 가능 여부 등 항공권 규정을 꼼꼼히 살펴봐야 한다. 프로모션으로 판매하는 항공권에는 위탁 수하물 없이 기내 수하물만 포함된 경우도 있다. 위탁 수하물 옵션을 추가할 때는 미리 인터넷으로 하는 게 공항에서 하는 것보다 저렴하니 참고하자.

D-30
숙소 예약

괌에는 호텔이나 리조트가 적은 편이라 여행 일정과 항공권이 확정되었다면 가급적 빨리 숙소를 예약하는 게 좋다. 괌의 숙소는 위치와 시설, 무엇보다 여행 시기에 따라 가격이 크게 달라진다. 그러니 여행의 목적 및 일행, 예산에 맞는 숙소를 미리미리 예약하도록 하자. 특히 여름과 겨울 방학 성수기에는 가격이 많이 올라가니 호텔 예약 사이트를 통해 꼼꼼히 가격을 비교한 뒤 예약하는 게 좋다. 괌의 다양한 숙소 정보는 Guide 03 숙소 P.234를 참고하자.

D-25
여행 일정 및 예산 짜기

괌에 대한 기본적인 여행 정보를 파악하고 항공권과 숙소를 예약했다면 관련 웹사이트나 블로그 등을 참고해 구체적인 여행 일정 및 예산을 짜보자. 괌은 휴양지이니 너무 빡빡하게 시간대별로 일정을 짜는 것보다는 정해진 기간 동안 효율적으로 여행할 수 있도록 동선에 따라 일정을 짜는 게 좋다. 여행 일정과 예산은 누구와 함께하는지, 여행의 테마가 무엇인지에 따라 달라진다. ▶▶ 추천 여행 코스 P.038

D-20
렌터카 예약

렌터카가 있어야만 괌 여행이 가능한 건 아니지만 남부나 북부를 가려면 렌터카를 이용하는 게 편리하다. 외국계 대형 렌터카 회사를 비롯해 한국계 업체도 많으니 영어에 자신 없어도 예약 및 이용에 문제없다. 가격뿐 아니라 보험, 연료 등 조건을 꼼꼼히 따져보고 예약하자. 별도의 국제 운전면허증이 필요하지 않으니 한국 운전면허증만 잘 챙기면 된다.

D-15
환전

대부분의 레스토랑과 쇼핑센터에서는 신용카드로 결제할 수 있기 때문에 현금이 많이 필요하지 않다. 하지만 야시장처럼 반드시 현금 결제를 해야 하는 곳도 있고, 예약한 투어의 잔금을 지불해야 하는 경우도 있으니 미국 달러(USD) 준비는 필수다. 미리 환전할 시간이 없다면 공항에 있는 은행 환전소를 이용해도 되지만, 인터넷으로 환율 우대를 받고 환전해놓은 뒤에 공항에서 수령하는 방법을 추천한다.

D-10
여행자 보험 가입

여행자 보험은 말 그대로 여행 도중 혹시라도 발생할 수 있는 위험에 대한 보험이니 비용을 아깝게 생각지 말고 반드시 가입하자. 일정액 이상 환전하면 은행에서 무료로 가입해주는 보험도 있지만 사고나 문제 발생 시 보장 내역이 부족한 경우가 대부분이다. 특히 괌에서는 의료비가 비싸니 어린아이와 함께하는 여행이라면 세심하게 따져보고 가입하자. 또한 괌 리티디안 비치 등에서 도난 사고가 잦은 만큼 도난에 따른 휴대품 손해 보상도 꼼꼼히 살펴봐야 한다. 여행 시 발생한 병원비나 도난 등에 대해 추후 보상을 받으려면 반드시 괌 현지에서 관련 서류를 발급받아 가야 하니 잊지 말고 챙기자.

---------------------------------- **TIP** ---------------------------------
보험도 환전과 마찬가지로 공항에서 가입하는 것보다 인터넷으로 미리 가입하는 게 저렴하다.

D-8
포켓와이파이 또는 로밍 예약

인터넷 없는 여행은 상상할 수도 없는 요즘, 현지 심카드(유심칩) 사용, 통신사 로밍, 포켓와이파이 기기 대여 등 다양한 방법이 마련돼 있다. SKT 이용자는 국내 가입 요금제의 기본 제공 데이터를 괌에서도 그대로 쓸 수 있는 'T 괌사이판 국내처럼 요금제'를 이용하면 별도의 로밍 요금이 발생하지 않는다. 여럿이 함께 여행한다면 포켓와이파이 기기 한 대로 저렴하게 이용할 수 있다. 다만 포켓와이파이의 경우 하루에 500MB 이상부터는 속도가 제한된다는 점을 참고하자.

D-7
면세점 쇼핑

면세 쇼핑은 출국 당일 공항에서 할 수도 있지만 각종 쿠폰이나 적립금을 사용할 수 있는 온라인 면세점을 이용하는 게 가장 저렴하다. 인터넷으로 간단히 회원가입이 가능하며 쿠폰과 적립금을 잘 활용하면 백화점보다 훨씬 저렴한 가격으로 쇼핑할 수 있다. 다만 면세점마다 가격이 조금씩 다르게 책정되어 있으니 가격 비교는 필수!

---------------------------------- **TIP** ---------------------------------
면세점 쇼핑 시 유의사항
예전에는 면세품에 대해 구매한도가 규정되어 있었지만, 2022년 3월부터는 구매한도 규정이 폐지되어 이제는 무제한으로 면세품을 구매할 수 있다. 하지만, 해외에서 입국 시 여행자 휴대품 면세한도는 800달러이므로 구입한 면세품을 가지고 입국할 경우 그 금액이 미화 800달러를 초과하면 초과분에 대해서는 세금을 납부해야 한다. 예를 들어 5,000달러를 구매했다면 800달러를 초과한 4,200달러에 대해서는 세금을 부과해야 한다. 다만, 미화 800달러의 면세한도와 별도로 술, 담배 및 향수에 대해서는 추가로 면세 구매가 가능하다. 주류는 2병(미화 400달러 이하, 총 2리터 이하), 담배는 1보루(200개비), 향수는 100ml까지 구매할 수 있다.

D-3
짐 꾸리기

여권과 현금, 신용카드 등 귀중품은 작은 보조가방에 넣어 항상 휴대할 수 있도록 한다. 100밀리리터가 넘는 액체류는 기내 반입이 불가능하니 부치는 짐에 넣어야 한다. 쇼핑 천국 괌 여행을 위한 짐 꾸리기의 핵심은 가방을 너무 꽉 채워가지 않는 것이다. 괌에서의 쇼핑을 고려해 가방을 비워 가자. 괌의 뜨거운 자외선에 대비하기 위한 선크림이나 휴양지풍 원피스는 현지에서 구입하는 것도 좋은 방법이다.

여행 준비물 체크리스트

- [ ] **여권** _ 만료일이 6개월 이상 남아 있는지 확인하고 혹시 모를 분실에 대비해 사본 1부를 준비하거나 휴대폰에 사진을 찍어 보관한다.

- [ ] **항공권** _ 만일을 위해 e-티켓을 1부 출력한다.

- [ ] **여행 경비** _ 신용카드 결제가 가능한 곳이 많으니 달러 현금은 적당히만 가져가고, 한곳에 보관하기보다는 나눠서 보관하자.

- [ ] **신용카드** _ 해외에서 사용 가능한 카드인지 확인하자.

- [ ] **운전면허증** _ 렌터카를 이용할 계획이라면 반드시 챙겨야 한다.

- [ ] **호텔 바우처** _ 예약자 이름과 여권만으로도 체크인을 가능하지만 바우처를 출력하거나 휴대폰에 캡처해 가면 편리하다.

- [ ] **여권 사진 여유분** _ 분실에 대비해 2매 이상의 여권용 사진을 따로 준비해 가면 좋다.

- [ ] **복장** _ 괌은 1년 내내 더운 날씨이니 여름옷으로 준비하고 실내 에어컨에 대비해 가디건 등 얇은 겉옷을 챙겨두자. 휴양지이다 보니 드레스코드가 엄격하진 않지만 레스토랑 이용 시 어느 정도 격식을 차릴 수 있는 복장도 준비하면 좋다.

- [ ] **신발** _ 바닷가에서 물놀이하기 좋은 슬리퍼나 아쿠아 슈즈를 준비하고 레스토랑을 예약했다면 복장에 맞는 신발도 챙겨두자.

- [ ] **모자, 선글라스, 자외선 차단제** _ 괌은 자외선이 강하므로 자외선을 차단할 수 있는 모자와 선글라스, 자외선 차단제는 꼭 챙기자. 자외선 차단제는 K마트나 ABC마트에서 SPF 지수가 높은 제품을 손쉽게 구입할 수도 있다. (SPF 50PA++ 이상 추천)

- [ ] **속옷** _ 더운 지역이니 자주 갈아입을 수 있도록 넉넉히 준비하자.

- [ ] **수영복** _ 바닷가나 수영장에서 보내는 시간이 많으니 꼭 챙겨가자. 미처 준비하지 못했다면 괌 프리미어 아웃렛(GPO)의 로스(Ross)에서 저렴하게 구입할 수 있다.

- [ ] **세면도구** _ 샴푸, 컨디셔너, 바스젤 등 기본적인 욕실 용품은 대부분의 호텔에 준비되어 있지만 클렌징 제품, 쉐이빙 폼 등은 없는 곳이 많고 피부에 맞지 않을 수도 있으니 작은 병에 조금씩 덜어 가는 게 좋다.

- [ ] **상비약** _ 비상시에 대비해 진통제, 감기약, 소화제, 일회용 밴드 등을 준비하자. 미처 준비하지 못했다면 K마트에서 구입하면 된다.

- [ ] **기초화장품** _ 하루 종일 햇빛에 노출되는 건조한 날씨에 수분을 많이 빼앗길 수 있다. 평소 사용하던 기초화장품은 작은 병에 조금씩 덜어 가고 팩도 넉넉히 준비해 피부를 지키자.

- [ ] **멀티탭** _ 괌은 11자 돼지코 모양의 플러그를 사용한다.

- [ ] **지퍼팩** _ 수영복이나 젖은 옷을 담아 올 지퍼팩이 있으면 유용하다.

- [ ] **전자기기** _ 카메라, 방수카메라, 충전기, SD카드, 삼각대 등 필요한 전자기기를 챙기자.

- [ ] **가방** _ 항공사마다 수하물 규정이 다르므로 그에 맞는 가방을 선택하면 된다.

> **TIP**
> 가방 잠금장치로 TSA(Transportation Security Administration, 미 교통 보안국) 자물쇠를 이용하면 모든 미국령 내 공항에서 TSA가 실시하는 검문검색 시 가방이 잠겨 있는 상태에서도 자물쇠 파손 없이 보안 검색이 가능하다. 다른 방법으로 수하물이 잠겨 있다면 자물쇠를 파손해서 짐을 검색하기도 하니 유의하자.

D-1
출발 전 최종 점검

여권, 항공권 e-티켓, 여행 경비, 신용카드, 운전면허증 등 필수 준비물이 빠지지 않았는지 꼼꼼히 체크한다. 비행기에 가지고 탑승할 가방에 기내 반입 불가 물품이 들어가지 않도록 마지막으로 점검한다. 집에서 인천공항까지 이동 수단과 시간을 체크하고 전날 일찍 잠자리에 들어 컨디션을 조절한다.

D-DAY
출국

1 인천공항 출국 터미널 확인하기

인천 국제공항 터미널은 제1터미널과 제2터미널이 있다. 괌 항공편의 경우 대한항공, 진에어 탑승객은 제2터미널, 나머지 항공사 탑승객은 제1터미널을 이용하면 된다.

2 공항 도착

항공편 출발 2~3시간 전에는 공항에 도착하도록 하자. 성수기나 연휴 기간이라면 공항이 혼잡할 수 있으니 더 여유 있게 도착해야 한다.

3 탑승 수속 및 수하물 부치기

전광판에서 이용할 비행기의 편명을 보고 체크인 카운터를 확인한다. 카운터에 여권을 제시하고 수하물을 부친 뒤 탑승권과 수하물 보관증을 받는다.

> **TIP**
>
> 만 70세 이상의 고령자, 만 7세 이하의 유·소아, 임산부 수첩을 소지한 임산부, 장애인 등은 동반한 3인까지 항공사 카운터에서 교통약자 우대카드를 받아 패스트랙을 이용해 출국할 수 있다.

4 환전, 포켓와이파이 수령

인터넷으로 환전해두었거나 포켓와이파이 기기를 수령해야 한다면 반드시 출국 심사를 받기 전에 처리해야 하니 빠진 게 없는지 다시 한 번 꼼꼼히 확인하자.

5 보안 검색, 출국 심사

출국 심사를 받기 전 보안 검색이 이루어진다. 노트북은 가방에서 꺼내야 하며 100밀리리터가 넘는 액체류는 기내 반입이 금지된다. 보안 검색을 마치면 출국 심사를 받게 되는데 만 19세 이상의 성인은 별도 신청 없이 자동 출입국 심사대를 이용할 수 있다.

기내 반입 불가 물품 100㎖ 이상의 액체류(화장품, 고추장, 젤류, 치약 등), 가위, 칼 등의 뾰족한 물건, 총기류.

> **TIP**
> ### 보안 검색 빠르게 통과하기
>
> - 만 7세 이상~18세 이하는 사전 등록 후 자동 출입국 심사대 이용이 가능하다.
> - 기내에서 꼭 필요한 액체류가 있다면 100밀리리터(ml) 이하의 용기에 담은 후 투명 지퍼팩에 넣으면 총 1리터까지 반입 가능하다.
> - 스마트폰, 보조 배터리, 카메라 배터리, 전자담배 등 배터리 종류는 수하물로 부칠 수 없으므로 무조건 기내 수하물로 가져가야 한다.

6 면세품 수령

오프라인 또는 온라인 면세점에서 미리 구입한 면세품이 있다면 해당 인도장에서 여권과 항공권을 소지하고 수령하자. 인도장은 이용할 항공사에 따라 달라지니 면세점에서 안내받은 인도장으로 찾아가야 한다.

7 탑승 게이트로 이동 후 탑승하기

탑승권에 기재된 시간을 확인하고 늦지 않게 해당 게이트에 도착하자. 제1터미널의 경우 101번 게이트부터는 셔틀 트레인을 타고 탑승동으로 이동해야 하니 조금 더 여유 있게 움직여 늦지 않도록 한다.

괌 입국하기

한국에서 출발 후 약 4시간 만에 도착하는 괌!
괌 국제공항은 규모가 작고 복잡하지 않지만 여러 대의 비행기가 한꺼번에 도착하는 경우
입국 심사 줄이 어마어마하다. 어린아이나 부모님과 함께하는 여행이라면
빠른 입국 심사를 위해 한국에서 미리 ESTA 승인을 받아두면 좋다.

❶ 입국 서류 작성

괌으로 가는 기내에서 승무원이 괌 출입국 신고서, 비자 면제 신청서, 세관 신고서를 나눠준다. 미국 비자를 소지했거나 ESTA 승인을 받은 경우엔 출입국 신고서와 세관 신고서만 작성하면 되고, 그렇지 않다면 3부의 서류를 모두 작성해야 한다. 세관 신고서는 한 가족당 1부만 작성하면 되지만 나머지 서류는 가족 구성원 모두 1부씩 따로 작성해야 한다. 서류 작성 시 한글 서류라고 해도 반드시 영문 대문자로 적어야 한다.

TIP
출입국 신고서, 비자 면제 신청서, 세관 신고서 작성 방법

출입국 신고서

1인당 1부씩 작성하며, 반드시 영어 대문자로 적어야 한다. 신고서 뒷면은 기재하지 않는다.

❶ 성/이름은 여권 영문이름과 일치하게 적고, 생일은 일, 월, 년 순으로 기재한다.

❷ 국적은 한국인이라면 KOREA, 성별은 여성이라면 FEMALE, 남성이라면 MALE.

❸ 여권번호는 여권에 본인 사진이 있는 페이지의 오른쪽 위에 기재된 M과 8자리 숫자이며, 항공사 및 항공편명은 항공권에서 확인할 수 있다.

❹ 현재 주거국은 한국에 거주한다면 KOREA, 탑승 장소는 SEOUL 등으로 적으면 된다.

❺ 비자 발행 장소/날짜는 해당 도시와 날짜를 기입하면 된다(비자 발급받은 사람만 해당).

❻ ~ ❽ 미국 체류 기간 중 주소/시 및 주는 꼼꼼하게 적자.
정확한 주소를 모를 경우, 호텔명만 기입해도 좋다.
- 예) ⑥ PIC RESORT
- ⑦ TUMON BAY GUAM
- ⑧ 호텔 번호 혹은 로밍폰 번호(모르면 비워둠)

※ 출국 카드는 괌을 떠날 때 필요하니 잘 챙기자.

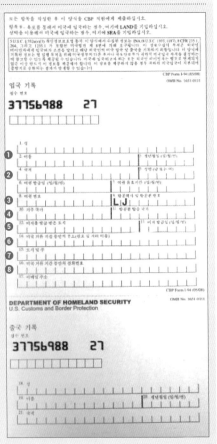

비자 면제 신청서

1인당 1부씩 작성하며, 무비자로 입국하는 여행객은 모두 작성해야 한다. 미국 비자 소지자는 작성할 필요가 없으며 과거 미국 비자를 발급 거부당한 이력과 상관없이 괌은 무비자 입국 신청이 가능하다.

세관 신고서

일행당 1부 작성한다. 본인과 동반자의 인적 사항을 기록하고 해당 난을 여백 없이 칠한다. 괌 체류 주소는 출입국 신고서와 동일하게 기재해야 한다. 세관 신고서는 출발 72시간 전 온라인을 통해 미리 작성할 수도 있다(전자 세관 신고서 https://traveller.guamedf.landing.cards).

❷ 공항 도착

비행기에서 내려 '도착 출구(Arrival Exit)'라고 쓰인 표지를 따라가다 보면 입국 심사대(Immigration)가 나온다.

❸ 입국 심사대 통과하기

입국 심사대에서는 '외국인(Foreign)'이라고 표시되어 있는 심사대로 가서 줄을 서고, 미리 ESTA 승인을 받은 사람은 ESTA 라인에 줄을 서면 된다. 기내에서 미리 작성해둔 서류를 여권과 함께 제시하고 얼굴 사진 촬영과 양손의 지문 등록을 거친다. 간단한 질문을 받으면 당황하지 말고 천천히 대답하자 독아가는 항공권과 호텔 바우처를 미리 출력해 가면 도움이 된다. 입국 심사대에서의 기념 촬영은 NO!

❹ 수하물 찾기

입국 심사를 마치고 한 층 아래로 내려가 수하물을 찾는다. 수하물 꼬리표에 적힌 항공편명, 이름 등으로 본인의 가방이 맞는지 확인한다.

❺ 세관

기내에서 미리 작성해놓은 세관 신고서를 제출한다. 입국 시 면세한도가 있거나 반입이 금지된 품목에 주의하자. 캐리어에 비상용으로 챙겨가는 컵라면 스프의 소고기 성분도 원칙적으로는 반입 금지.

········· TIP ·········
입국 심사 시 자주 하는 질문과 답변

동남아시아 국가들과 달리 미국령 국가 입국 심사 시에는 간단한 질문을 자주 하는 편이다. 보통 체류 기간과 방문 목적을 묻는 질문이 대부분이며 단답형으로 대답해도 충분하다. 만약의 상황에는 통역을 요청할 수도 있으니 영어에 자신이 없더라도 당당함을 잃지 말자.

What's the purpose of your visit?
방문 목적은 무엇입니까?
▶ **여행객인 경우** Traveling, Travel(여행), vacation(휴가)

How long will you stay? 얼마나 머물 예정입니까?
▶ 머무는 일수 **예** 5days, 2weeks (5일, 2주)

Where will you be staying? 어디에서 머물 예정입니까?
▶ 호텔명 **예** PIC Resort (PIC 리조트)

Do you have a return ticket? 돌아갈 티켓이 있습니까?
▶ **Yes.** (만약 보여달라거나, 소통이 안되면 e티켓을 보여주면 된다.)

How much money are you bringing?
현금을 얼마나 가지고 있습니까?
▶ **예** 500dollars (소지한 대략적 현금이나 신용카드를 보여줘도 된다.)

········· TIP ·········
괌 면세한도 및 통관한도

· 미화 1만 달러 이하의 현찰(초과 시 신고해야 함)
· **술:** 1인당 1갤런 혹은 3.7리터
· **담배:** 1인당 5보루
· **면세품:** 총 가치액 1,000달러 이하(초과 시 신고해야 함)
· **의약품:** 마류류 등 통제품목 반입 금지
· **식품:** 과일, 채소, 식물, 육류, 육류 제품, 조류 및 살아 있는 동물 및 제품.
· 화약류, 총포무기류, 마약류 등 반입 불허

공항에서 시내로 이동하기

괌 공항에서 시내로 이동할 때는 택시를 제외한 대중교통이 없으므로 택시나 렌터카를 이용해야 한다.

❶ 택시

입국장에서 나와 왼쪽 출구 부근에 있는 공항 택시 카운터에서 목적지별 요금표를 확인하고 택시에 탑승하면 된다. 24시간 운영되기 때문에 밤 비행기를 타고 새벽에 도착해도 편리하게 이용할 수 있다. 현재 괌 정부의 허가를 받은 공항 택시는 미키 택시, 인디펜던트 택시, 웨이브 택시 등 세 곳이다. 공항에서 투몬 시내 호텔까지는 10~15분 걸리며 택시 요금은 20~25달러 정도다. 하갓냐(아가냐) 지역까지는 30달러 이상을 예상해야 한다. 트렁크에 캐리어를 싣는 경우 개당 1달러씩 추가되며, 전체 금액의 10~15퍼센트 정도를 팁으로 주는 것이 좋다. 카카오T 괌 택시도 한국에서 사용하던 어플로 이용할 수 있다.

❷ 호텔 픽업 서비스

대부분의 호텔은 예약 고객에게 유료 픽업 서비스를 제공한다. 쾌적하고 편리하지만 일반적으로 택시보다 비용이 비싼 편. 픽업 서비스를 신청했다면 입국장에 피켓을 들고 나와 있는 직원을 만나 명단을 확인하면 된다.

❸ 렌터카

입국장으로 나오면 다양한 렌터카 업체 데스크를 볼 수 있다. 대형 렌터카 회사의 경우 공항에서 차량을 바로 인도받을 수 있지만, 작은 업체의 경우 자체 셔틀 차량을 이용해 시내에 위치한 사무실로 이동 후 차량을 인도받을 수 있다. 한국계 렌터카 회사도 많으니 영어에 자신이 없는 사람은 한국계 업체를 이용하면 된다.

· **허츠 렌터카** 🏠 hertz.com　　· **닛산 렌터카** 🏠 nissanrent.com
· **달러 렌터카** 🏠 dollar.com/gu　· **제우스 렌터카**(한국계) 🏠 zeusrentcar.co.kr
· **린든 렌터카**(한국계) 🏠 lindenrentalcar.com

❹ 기타 픽업 상품 이용

인원이 많지 않다면 마이리얼트립, 클룩 등의 공항 픽업 셔틀 상품을 이용해 택시보다 저렴하게 공항과 호텔을 오갈 수 있다.

교통

괌의 교통수단으로는 셔틀버스, 택시, 렌터카 등
이 있다. 시내 호텔과 주요 관광지, 쇼핑몰 위주의
일정이라면 레드 구아한 셔틀버스만으로도 충분
하다. 하지만 교통이 불편한 남부나 북부 여행을
계획하고 있다든지 어린아이를 동반한 가족여행
이라면 렌터카를 이용하거나 여행사의 투어 상
품을 구입하는 게 편리하다.

레드 구아한 셔틀버스 Red Guahan Shuttle Bus

트롤리 셔틀버스는 시내의 주요 호텔과 쇼핑몰, 주요 관광지, 차모로 빌리지, 데데도 벼룩시장까지 돌아볼 수 있어 렌터카를 이용하지 않는 관광객도 편리하게 여행할 수 있다. 대표적으로 람람(Lam Lam) 투어에서 운영하는 레드 구아한 셔틀버스가 있는데, 버스 노선 및 운행 시간은 시즌에 따라 약간씩 달라지기도 하니 정확한 정보는 괌 공항 내 투어 데스크와 버스에 비치된 노선도 및 시간표를 확인하자.

❶ 투몬 셔틀(Tumon Shuttle)
❷ 차모로 빌리지 야시장 셔틀(Chamorro Village Night Shuttle)
❸ 데데도 벼룩시장 셔틀(Flea Market Shuttle)

> **TIP**
> 1회권보다 저렴하게 이용할 수 있어 유용했던 3시간/6시간 타임패스는 이제 판매하지 않으니 참고하자.

셔틀버스 티켓 구입하기

레드 구아한 셔틀버스 티켓은 홈페이지에서 E-티켓을 구매하거나 현지에서 버스 기사에게 현금으로 구매할 수 있다. 휴대폰으로 E-티켓 구입 시 인쇄하거나 매장에서 수령할 필요없이 티켓 화면을 기사에게 보여주고 탑승하면 된다.

E-티켓 구입사이트 🏠 guamredshuttle.com

레드 구아한 셔틀버스 티켓 종류

티켓 종류	요금		이용 노선
	성인	아동(6~11세)	
1회권	$7	$7	투몬 셔틀 차모로 야시장 및 데데도 벼룩시장 셔틀 이용 불가
1일권	$16	$7	
2일권	$20	$10	
3일권	$25	$12	
4일권	$30	$15	
5일권	$35	$17	
차모로 빌리지 야시장 셔틀(왕복)	$15	$8	차모로 빌리지 야시장 셔틀
차모로 빌리지 야시장 셔틀(돌아오는 편)	$8	$8	데데도 주말 새벽시장 셔틀
데데도 벼룩시장 셔틀 왕복	$20	$10	

레드 구아한 셔틀버스 Red Guahan Shuttle Bus

빨간색 버스라서 레드 구아한이라는 이름이 붙었는데 지금은 빨간
색 외에도 노선에 따라 조금씩 다른 색깔과 디자인의 차량이 운행
중이다. 현재 세 가지 노선을 운행하고 있는데, 일부 노선의 버스는
차량 중간 부분이 개방되어 있어 휴양지 기분을 느끼며 드라이브를
즐길 수 있다.

① 투몬 셔틀 Tumon Shuttle

괌의 호텔과 쇼핑몰을 순환하는 가장 기본적인 셔틀버스로 투몬의 호텔 로드를 따라 남쪽 노선과 북쪽 노선으로 구분된
다. 남쪽 노선은 마이크로네시아 몰에서 출발해 건 비치의 더 비치 바, 투몬의 주요 호텔들, 이파오 비치를 거쳐 괌 프리미어
아웃렛(GPO)까지 운행한다. 북쪽 노선은 괌 프리미어 아웃렛(GPO)에서 출발해 투몬의 주요 호텔들을 거쳐 마이크로네시
아 몰까지 운행한다. 주요 호텔들은 남쪽 노선과 북쪽 노선에서 모두 정차해 자칫 반대 방향 버스에 탑승할 수 있으니 유의
하자. 차량의 독특한 외관 덕분에 탑승만으로도 여행 기분을 느낄 수 있다.

투몬 셔틀 남쪽 방향 마이크로네시아 몰 → 괌 프리미어 아웃렛(GPO)

🚌 **남쪽 방향** 배차 간격 약 15분, 첫차 09:22, 막차 21:04 (정류장별, 시즌별로 달라질 수 있음)

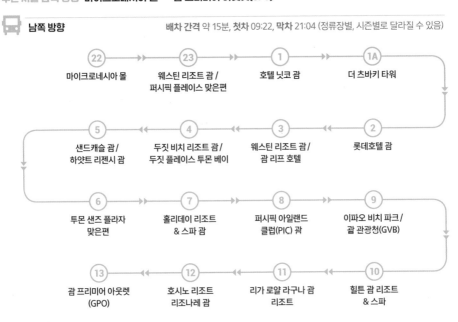

- 22 마이크로네시아 몰
- 23 웨스틴 리조트 괌 / 퍼시픽 플레이스 맞은편
- 1 호텔 닛코 괌
- 1A 더 츠바키 타워
- 2 롯데호텔 괌
- 3 웨스틴 리조트 괌 / 괌 리프 호텔
- 4 두짓 비치 리조트 괌 / 두짓 플레이스 투몬 베이
- 5 샌드캐슬 괌 / 하얏트 리젠시 괌
- 6 투몬 샌즈 플라자 맞은편
- 7 홀리데이 리조트 & 스파 괌
- 8 퍼시픽 아일랜드 클럽(PIC) 괌
- 9 이파오 비치 파크 / 괌 관광청(GVB)
- 10 힐튼 괌 리조트 & 스파
- 11 리가 로얄 라구나 괌 리조트
- 12 호시노 리조트 리조나레 괌
- 13 괌 프리미어 아웃렛 (GPO)

마이크로네시아 몰

이파오 비치 파크

괌 프리미어 아웃렛

🚌 북쪽 방향

배차 간격 약 15분, 첫차 09:00, 막차 21:01

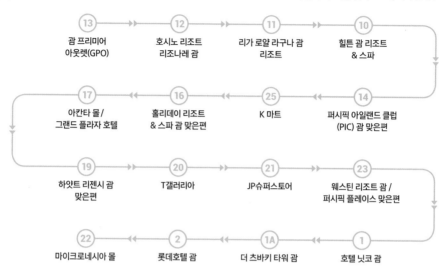

```
⑬ 괌 프리미어        ⑫ 호시노 리조트      ⑪ 리가 로얄 라구나 괌   ⑩ 힐튼 괌 리조트
   아웃렛(GPO)          리조나레 괌            리조트                  & 스파

⑰ 아칸타 몰 /        ⑯ 홀리데이 리조트     ㉕ K 마트             ⑭ 퍼시픽 아일랜드 클럽
   그랜드 플라자 호텔     & 스파 괌 맞은편                              (PIC) 괌 맞은편

⑲ 하얏트 리젠시 괌    ⑳ T갤러리아          ㉑ JP슈퍼스토어       ㉓ 웨스틴 리조트 괌 /
   맞은편                                                          퍼시픽 플레이스 맞은편

㉒ 마이크로네시아 몰   ② 롯데호텔 괌        ①A 더 츠바키 타워 괌   ① 호텔 닛코 괌
```

괌 프리미어 아웃렛

T갤러리아

마이크로네시아 몰

② 차모로 빌리지 야시장 셔틀 Chamorro Village Night Market Shuttle

오로지 수요일 밤에만 열리는 차모로 빌리지 야시장까지 운행하는 노선으로 매주 수요일에만 운행한다. 차모로 빌리지 야시장으로 출발하는 셔틀은 괌 프리미어 아웃렛(GPO)에서 2회(17:30, 18:15) 출발한다. 돌아가는 셔틀은 19:00, 20:10 야시장에서 출발해 투몬 셔틀 북쪽 방향 버스 정류장에서 정차한다.

- **괌 프리미어 아울렛(GPO) 출발** 17:30, 18:15
- **차모로 빌리지 야시장 출발** 19:00, 20:10

③ 데데도 벼룩시장 셔틀 Flea Market Shuttle

매주 토요일과 일요일 새벽에만 열리는 데데도 벼룩시장까지 운행하는 노선인데, 셔틀버스는 토요일에 1대만 운영한다. 다른 대중교통으로 갈 방법이 거의 없기 때문에 렌터카 이용자가 아니라면 미리 예약하는게 좋다. 호시노 리조트에서 새벽 5시 10분에 출발해 투몬의 주요 호텔을 거쳐 데데도 벼룩시장에 6시에 도착한다.

- **호시노 리조트 출발(1회)** 05:10
- **데데도 벼룩시장 출발(1회))** 07:20

227

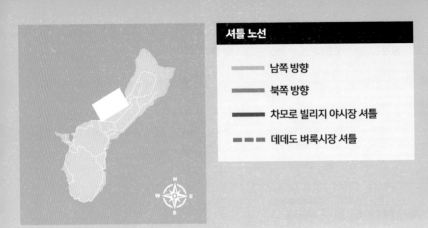

셔틀 노선

───── 남쪽 방향

▓▓▓▓▓ 북쪽 방향

████ 차모로 빌리지 야시장 셔틀

▬ ▬ ▬ 데데도 벼룩시장 셔틀

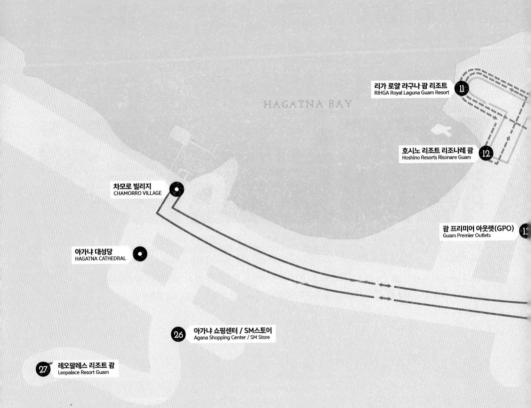

HAGATNA BAY

리가 로얄 라구나 괌 리조트
RIHGA Royal Laguna Guam Resort ⑪

호시노 리조트 리조나레 괌
Hoshino Resorts Risonare Guam ⑫

차모로 빌리지
CHAMORRO VILLAGE

괌 프리미어 아웃렛(GPO)
Guam Premier Outlets

아가냐 대성당
HAGATNA CATHEDRAL

㉖ **아가냐 쇼핑센터 / SM스토어**
Agana Shopping Center / SM Store

㉗ **레오팔레스 리조트 괌**
Leopalace Resort Guam

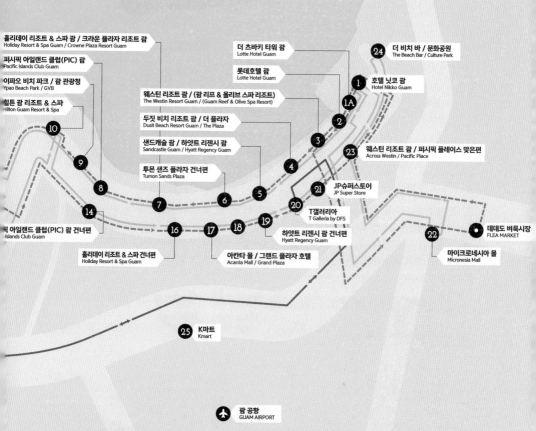

TUMON BAY

사랑의 절벽
TWO LOVERS POINT

홀리데이 리조트 & 스파 괌 / 크라운 플라자 리조트 괌
Holiday Resort & Spa Guam / Crowne Plaza Resort Guam

퍼시픽 아일랜드 클럽(PIC) 괌
Pacific Islands Club Guam

이파오 비치 파크 / 괌 관광청
Ypao Beach Park / GVB

힐튼 괌 리조트 & 스파
Hilton Guam Resort & Spa

더 츠바키 타워 괌
Lotte Hotel Guam

롯데호텔 괌
Lotte Hotel Guam

24 더 비치 바 / 문화공원
The Beach Bar / Culture Park

1 호텔 닛코 괌
Hotel Nikko Guam

1A

2

웨스틴 리조트 괌 / (괌 리프 & 올리브 스파 리조트)
The Westin Resort Guam / (Guam Reef & Olive Spa Resort)

두짓 비치 리조트 괌 / 더 플라자
Dusit Beach Resort Guam / The Plaza

샌드캐슬 괌 / 하얏트 리젠시 괌
Sandcastle Guam / Hyatt Regency Guam

투몬 샌즈 플라자 건너편
Tumon Sands Plaza

3

23 웨스틴 리조트 괌 / 퍼시픽 플레이스 맞은편
Across Westin / Pacific Place

4

5

21 JP슈퍼스토어
JP Super Store

20

T갤러리아
T Galleria by DFS

10

9

8

7

6

14

19

하얏트 리젠시 괌 건너편
Hyatt Regency Guam

22

데데도 벼룩시장
FLEA MARKET

픽 아일랜드 클럽(PIC) 괌 건너편
Islands Club Guam

16

17

18

홀리데이 리조트 & 스파 건너편
Holiday Resort & Spa Guam

아칸타 몰 / 그랜드 플라자 호텔
Acanta Mall / Grand Plaza

마이크로네시아 몰
Micronesia Mall

25 K마트
Kmart

괌 공항
GUAM AIRPORT

229

택시

렌터카를 이용하지 않는다면 가장 편리한 교통수단이 택시다. 하지만 요금이 비싼 편이며 우리나라처럼 길거리에서 택시에 탑승할 수 없어 미리 예약하거나 호텔 또는 쇼핑몰 컨시어지에게 택시를 요청해야 한다. 공항에서 시내로 이동할 때는 공항 택시만 이용할 수 있고, 시내에서 공항으로 이동할 때는 한인 택시를 미리 예약하면 조금 저렴하다. 한국에서 사용하던 카카오택시 앱으로도 예약할 수 있다.

· 미키 택시 📞 671-888-7000
· 한인 택시 📞 7788 671-747-7788(카카오톡 ID: guam7788)

렌터카

괌은 여행객이 선택할 수 있는 대중교통이 턱없이 부족한 편이다. 따라서 운전이 가능하다면 렌터카 이용을 추천한다. 비싼 택시비에 비해 렌터카 대여료는 저렴한 편이고 별도의 국제운전면허증 없이 한국에서 사용하던 운전면허증만 있으면 된다. 괌은 운전대 방향이 우리나라와 같고 주차 환경이 좋으며 도로가 단순해 운전하기도 쉽기 때문에 렌터카를 이용하기가 매우 편리하다. 특히 아이나 부모님과 함께 여행하는 경우 렌터카 대여는 거의 필수다.

1 렌터카 이용 방법

괌에는 세계적인 렌터카 체인 회사부터 한국인이나 일본인이 운영하는 회사까지 다양한 렌터카 회사가 있다. 괌 공항 내에도 24시간 영업 중인 회사가 있으니 현지에서 대여해도 되지만 인터넷으로 미리 예약한 후 이용하는 게 저렴하다. 차량의 렌트 가격뿐 아니라 보험이나 주유 관련 사항, 픽업 및 드롭 서비스 등에 대해서도 꼼꼼히 따져보고 예약하자. 한국계 업체를 이용하면 언어 소통이 편리하지만 공항에서 차량을 수령한다든지 공항 픽업을 받는 일은 대부분 불가능하니 참고하자.

① **렌터카 대여 시 필요한 것**: 운전면허증, 해외 이용 가능한 신용카드

② **렌터카 대여 자격**: 운전면허증을 소지한 만 21세 이상

③ **주의사항**: 괌은 우측통행/좌핸들

④ **비용**: 렌터카 비용은 24시간 기준으로 책정된다. 차량의 크기 및 연식에 따라, 또 대여 업체에 따라 비용이 천차만별이니 꼼꼼히 비교해보고 예약해야 한다. 차량 자체뿐 아니라 와이파이 기기나 카시트의 무료 대여 여부, 포함된 보험의 종류, 추가 운전자 여부 등 여러 조건에 따라서도 비용이 달라진다.

- 허츠 렌터카 🏠 hertz.com
- 닛산 렌터카 🏠 nissanrent.com
- 버젯 렌터카 🏠 budget.co.kr
- 해피 렌터카(한국계) 🏠 rentguam.co.kr
- 조은 렌터카(한국계) 🏠 guamrentcar.co.kr
- 렌터카 가격비교 사이트 카모아 🏠 carmore.kr

> **TIP**
> 국내 운전면허증으로는 괌 입국일로부터 30일 이내까지, 국제운전면허증 소지자는 3개월 동안 차량을 대여해 운전할 수 있다.

2 운전 유의사항

① 빨간불에도 우회전이 가능하므로 주위를 살피고 천천히 우회전한다.

※ 'No Right Turn on Red' 표시가 있는 경우와 우회전 전용 신호가 빨간불인 경우에는 우회전이 불가능하다.

② 정차 중인 스쿨버스 옆을 지나는 것은 반대 차선까지 포함해 금지되어 있다. 스쿨버스가 전방에 정차해 'Stop' 사인이 나오면 반드시 그 뒤에 정지해 스쿨버스가 출발할 때까지 기다려야 한다.

③ 일시정지 시 정지선을 지나 정차하거나 도로에 차량 앞부분이 튀어 나오게 정지하는 것은 폭주운전으로 간주된다.

④ 괌의 도로는 산호사가 섞여 있어 미끄러지기 쉬우므로 비가 내리기 시작했을 때나 내리는 중에는 운전에 특히 주의를 기울여야 한다.

⑤ 노란 선으로 표시된 중앙 차선은 U턴, 좌회전 전용 차선이다. 주행 차선이 아니므로 주의해야 한다.

⑥ 차량 내에 개봉된 주류가 있는 경우에는 동승자가 마신 경우라도 벌금이 부과될 수 있다.

⑦ 운전 중 휴대전화 사용은 금지되어 있다.

- 주행 중은 물론 신호 대기, 교통 정체에 따른 정차 중에도 금지된다.
- 긴급 시 경찰이나 소방대에 연락하는 경우, 핸즈프리 기능을 이용하는 경우, 안전한 장소에 주차한 경우의 사용은 법률로 인정된다.
- 위반자에게는 초범일 경우 100달러 이상의 벌금, 재범일 경우 500달러 이상의 벌금이 부과된다. 교통사고의 원인이 된 경우에는 1,000달러 이상의 벌금이 부과된다.

⑧ **제한속도**: 마일(mile)로 표시되어 있다. 제한속도는 시속 15마일에서 45마일까지 다양한데 학교 주변에서는 15마일, 작은 마을의 도로에서는 25마일, 보통의 도로에서는 35마일로 제한하고 있으니 과속하지 않도록 주의하자.

- 15마일 = 약 24km
- 25마일 = 약 40km
- 35마일 = 약 56km
- 45마일 = 약 72km

⑨ **STOP 표지판**: 좁은 교차로나 신호등이 없는 삼거리, 사거리에서 빨간색의 'STOP' 표지판을 볼 수 있다. 이 표지판이 있는 곳에서는 사람이나 차가 있는지 없는지에 관계없이 무조건 일단 정지한 다음, 주위를 살피고 가야 한다. 멈추지 않고 그냥 가다가 단속에 걸리면 범칙금이 부과된다.

⑩ 차에 가방이나 물건을 놓고 내릴 경우 창문을 깨고 차 안에 있는 귀중품을 가져가는 도난 사고가 발생할 가능성이 있다. 차에서 내릴 때는 반드시 모든 짐을 트렁크에 넣고 가급적 차 안에 아무것도 두지 않는 것이 좋다.

⑪ **차량 내 어린이 방치**: 만 5세 이하의 어린이를 차량 내 방치할 경우 중범죄로 처벌되며 만 6세 이상이라도 방치할 때는 처벌받을 수 있다. 쇼핑몰 등에서 잠시라도 어린이 혼자 차 안에 있게 해서는 안 된다.

⑫ 괌은 어린이 보호 규정이 엄격한 편으로, 렌터카 이용 시 아이를 동반한다면 반드시 카시트를 설치해야 한다.

⑬ 차 키를 차 안에 놓고 내릴 경우 긴급 출동에 따른 비용이 발생할 수 있으니 주의하자.

⑭ Fire Lane NO Parking: 연석이 빨간색으로 칠해져 있는 장소는 긴급 시 소방차량이 정차하도록 정해진 공간이기 때문에 어떤 경우에도 주차를 하는 것이 금지되어 있다. 일시정지나 사람이 타고 내리는 것도 금지되어 있으니 딱지를 떼지 않도록 유의하자.

주차금지

안전 운전 표지판

최고속도 15마일

최고속도 35마일

최고속도 45마일

횡단보도

신호등

좌회전 금지

우회전 금지

갓길

❶ 중앙차로 이용 방법

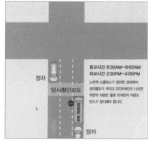

❷ 스쿨버스(등·하교시) 대처 방법

❸ STOP 사인 대처 방법

③ 연료 주유 방법

주유소는 대부분 셀프서비스로 운영된다. 가격도 더 저렴하니 어렵게 생각하지 말고 도전해보자. 대부분의 렌터카 회사에서는 차량 반납 시 연료를 가득 채워 반납하도록 되어 있다. 혹시 연료 채우는 걸 잊었다면 회사 규정에 따라 요금으로 환산해 지불해야 하는데 이 경우 가격이 비싸므로 반납 전에 연료를 가득 채우는 것을 잊지 말자.

① **주유기는 셀프서비스를 선택**: 'Shell Serve' 사인이 있는 장소에 정차한다. 참고로 'Full Serve'는 점원에게 모두 맡기는 것을 뜻하며 비싼 가격으로 설정되어 있다.

② **초록색 주유건, 초록색 문자의 'Unleaded'를 선택**: 'Unleaded'란 레귤러 가솔린(휘발유)이라는 의미다. 대부분의 차량이 휘발유를 사용한다.

③ **급유를 요청**: 가까운 직원 또는 점포 내 계산대에 가서 주유기 번호를 말하고 '가득(Fill Up)'이라고 알린다.

④ **급유**: 차량의 주유구 커버와 뚜껑을 연 뒤, 주유기에서 주유건을 뽑아 차량 주유구에 삽입하고 주유건을 받치고 있는 레버를 올리면 준비 완료. 주유건의 노즐을 주유구에 꽂고 주유건의 그립을 쥐면 휘발유가 나오는데 연료통이 가득 차면 자동으로 정지한다. 주유를 완료하면 주유건을 제자리에 놓아둔다.

⑤ **비용 지불**: 주유기에서 신용카드로 직접 결제를 진행하거나 점포 내 계산대에 가서 직원에게 결제한다.

GUIDE
03

숙소

휴양지에서 숙소는 여행의 전반적인 만족도를 결정지을 만큼 매우 중요하다. 더군다나 괌에는 관광객 수에 비해 괜찮은 호텔이나 리조트가 절대적으로 부족한 편이니 일정이 정해졌다면 나에게 맞는 숙소부터 찾아 예약하는 게 좋다.

숙소 예약 시 고려 사항

첫 번째 기준은 역시 예산

괌의 숙소는 시즌이나 위치, 호텔 등급에 따라 요금이 천차만별이다. 투몬 중심가에 위치해 바다가 보이는 호텔은 성수기 기준으로 1박에 40~50만 원대부터이며, 중심에서 살짝 떨어진 다소 오래된 호텔은 10만 원 대로도 예약이 가능하다. 여행 콘셉트와 예산에 맞게 숙박비 금액대를 정해놓으면 숙소 선택이 쉬워진다.

위치와 접근성

각종 쇼핑몰과 레스토랑이 밀집한 투몬 지역에서도 바다 전망의 호텔이 위치상 가장 좋지만 그만큼 요금도 높게 책정되어 있는 게 일반적이다. 예산이 넉넉하지 않다면 투몬 지역에서 살짝 벗어난 곳에 숙소를 잡고 쇼핑몰의 무료 셔틀버스나 렌터카로 이동하는 것도 좋은 방법이다.

아이와 함께하는 여행이라면

아이와 함께한다면 전망이나 위치보다 수영장의 슬라이드가 가장 중요할지 모른다. 수영장에 유아 풀을 따로 운영하지 않는 숙소도 많으니 유아 풀 운영 여부, 슬라이드 유무, 아기용 침대 대여 서비스 등을 꼼꼼히 따져보는 게 좋다.

취사 시설 여부

호텔이나 리조트에 전자레인지 정도는 구비되어 있는 경우가 많다. 하지만 한 달 살기 식의 장기 여행이나 한식 위주로 식사해야 하는 부모님을 동반한 여행이라면 취사 시설을 갖춘 콘도미니엄 또는 레지던스 호텔을 추천한다. 괌의 외식비는 우리나라보다 비싸지만 마트에서 장보는 것은 저렴한 편이라 여행 경비를 절약할 수 있다. 라면이나 김치 등 한국 음식이 필요할 땐 캘리포니아 마트 P.156를 이용하면 된다.

> **TIP**
> ### 숙소 저렴하게 예약하는 노하우
> 같은 날짜, 같은 호텔, 같은 객실이라도 예약 사이트마다 요금은 모두 다르다. 숙박비가 만만치 않은 괌에서 여행비를 줄이려면 가격 비교는 선택이 아닌 필수. 가격을 비교할 때는 환불이 가능한지, 세금이나 수수료를 포함한 요금인지, 조식을 포함한 요금인지 등 세부 내용을 꼼꼼히 비교해봐야 한다. 대형 체인의 경우 공식 홈페이지를 통해 일정 일수 이상 숙박 시 룸 업그레이드, 무료 조식 제공 등 다양한 혜택을 확인할 수도 있다. 특정 호텔을 자주 이용한다면 해당 브랜드 체인을 꾸준히 이용하는 것도 좋은 방법이다. 그 밖에도 여행사나 여행 카페에서 다양한 프로그램이나 서비스를 포함한 패키지 요금 상품을 내놓고 있는데 여행 스타일이나 예산에 맞는 것을 고르는 게 현명하다.
>
> *추천 숙소 예약 사이트 및 가격 비교 사이트는 부록 MApp Book 참고!

호텔 이용에 대한 Q&A

❶ 객실 요금을 이미 지불했는데 체크인할 때 보증금을 더 내야 할까?

호텔 체크인을 하다 보면 하루 숙박비 정도에 해당하는 금액을 현금 또는 신용카드로 결제 요구받을 때가 있다. 이런 '디파짓(deposit)' 요금은 호텔 이용 시 파손이나 분실, 미니바 사용 등에 대한 보증금 개념이다. 아무 문제가 없다면 체크아웃할 때 돌려받을 수 있으니 걱정 말고 요구에 응하면 된다.

❷ 객실 냉장고 미니바의 맥주와 음료를 마셔도 될까?

냉장고 안에는 맥주와 음료가 안가득하고 냉장고 수변에는 땅콩이나 초콜릿, 스낵이 놓여 있다. 일부 호텔에서는 1회에 한해 미니바를 무료로 제공하기도 하지만 대부분은 유료로 판매하는 제품이며 보통은 마트에 비해 비싸게 책정되어 있으니, 무료인지 유료인지 확인하고 먹자. 유료 미니바와 상관없이 무료로 제공하는 생수에는 'Complimentary' 또는 'Free'라고 표시되어 있으니 확인 후 마시도록 한다.

❸ 욕실에 비치된 일회용 샴푸와 컨디셔너는 가져가도 될까?

간혹 대용량 디스펜서에 샴푸와 컨디셔너 등을 비치해놓은 경우도 있지만, 대용량이 아닌 일회용 욕실 용품은 쓰다 남은 것을 가져가도 괜찮다. 어떤 비품이 일회용품인지를 생각해 보면 가져도 되는 비품인지 손쉽게 알 수 있다. 예컨대 헤어드라이어, 타월은 절대 가져가면 안 된다.

❹ 수영장에 갈 때는 객실에 있던 타월을 가져가야 할까?

대부분의 호텔 수영장에서는 객실 번호를 확인한 뒤 비치타월을 대여해준다. 만약 객실에서 타월을 가지고 갔다면 객실로 돌아갈 때 반드시 챙겨야 한다.

❺ 문고리에 걸린 '메이크업' 카드와 DD 카드는 무엇일까?

호텔에서 객실 메이크업(make up)이란 청소 서비스를 말한다. 객실 청소는 하루에 한 번 씩 고객이 외출한 때를 이용해 룸메이드가 하게 되어 있다. 만약 외출하지 않거나 늦잠을 자는 등의 이유로 룸메이드의 출입을 원하지 않는다면 객실 문 안쪽에 걸려 있는 DD 즉 'Do Not Disturb' 카드를 객실 문 바깥에 걸어놓으면 된다. 반대로 외출하면서 'Make Up' 카드를 걸어두면 우선적으로 청소를 해준다.

❻ 객실 문은 자동으로 잠긴다?!

호텔 객실 문은 별도의 잠금장치 없이 닫으면 자동으로 잠긴다. 깜빡하고 나왔다가 문이 잠겨 당황하는 일이 자주 발생하니 객실에서 나올 땐 반드시 객실 키를 지참하자.

추천 호텔 & 리조트

나에게 꼭 맞는 숙소는 어디일까?
위치, 시설, 가격 등 이것저것 따지고 비교하려니
머리가 지끈지끈 아프다면
저자가 특별히 추천하는 숙소부터 살펴보자.

여행 스타일에 따라

- 새로 생긴 럭셔리 괌 호텔을 원한다면 → 더 츠바키 타워 괌 P.238
- 예산에 구애받지 않으면서 최고의 전망, 최고의 시설을 원한다면 → 두짓타니 괌 리조트 P.240
- 안정감 있는 서비스, 괌에서 가장 넓은 수영장, 아름다운 바다 전망을 원한다면 → 하얏트 리젠시 괌 P.260
- 편안한 잠자리가 중요하다면 → 웨스틴 리조트 괌 P.244
- 초등학교 저학년 이하의 아이와 함께라면 → 퍼시픽 아일랜드 클럽(PIC) 괌 P.248
- 초등학교 고학년 이상의 아이와 함께라면 → 호시노 리조트 리조나레 괌 P.246
- 밤 비행기를 타고 새벽에 도착해 잠만 자는 경우, 투몬 중심가의 가성비 좋은 숙소를 찾는다면 → 괌 플라자 리조트 & 스파 P.262
- 연인끼리, 친구끼리 전망 좋은 인피니티 수영장에서 시간을 보내고 싶다면 → 리가 로얄 라구나 괌 리조트 P.252

여행 테마에 따라

- 럭셔리 여행이라면 역시 → 더 츠바키 타워 괌 P.238, 두짓타니 괌 리조트 P.240, 하얏트 리젠시 괌 P.260, 웨스틴 리조트 괌 P.244
- 뚜벅이 여행자라면 시내 접근성이 좋은 → 두짓 비치 리조트 괌 P.242, 괌 플라자 리조트 & 스파 P.262
- 아이와 함께라면 워터파크 시설이 좋은 → 퍼시픽 아일랜드 클럽(PIC) 괌 P.248, 호시노 리조트 리조나레 괌 P.246
- 조용히 쉬고 싶은 힐링 여행이라면 → 리가 로얄 라구나 괌 리조트 P.252, 힐튼 괌 리조트 & 스파 P.254, 호텔 닛코 괌 P.256, 롯데호텔 괌 P.258
- 밤 비행기 여행 첫날 실속을 차리고 싶다면 → 괌 플라자 리조트 & 스파 P.262, 홀리데이 리조트 & 스파 괌 P.262, 로열 오키드 괌 호텔 P.265

가장 최근에 생긴 럭셔리 호텔

더 츠바키 타워 괌 The Tsubaki Tower Guam

투몬 베이에서 가장 높은 곳에 위치한 더 츠바키 타워 괌은 2020년 4월에 오픈한, 괌에서 가장 최근에 생긴 프리미어 호텔 그룹의 럭셔리 호텔이다. 투몬 중심에서 도보 10분 거리의 롯데호텔 괌과 호텔 닛코 괌 사이에 있어 위치도 좋은 편이다. 4,000년 역사를 가진 괌 차모로 전통 문화와 현대적인 편리함이 잘 어우러진 최고급 시설을 갖추고 있어 괌의 새로운 랜드마크로 떠오르고 있다. 27층 높이에 62개의 스위트룸 포함 총 340개의 객실을 보유하고 있으며, 모든 객실은 아웃도어 리빙룸(Outdoor Living Room)이라 해도 손색없을 만큼 넓은 발코니를 갖춘 오션 뷰 타입으로 투몬 비치의 에메랄드 빛 바다를 조망할 수 있는 게 특징이다. 발코니에서 바다를 보며 아침식사를 즐길 수 있는 발코니 서비스도 있으며, 스위트 룸 욕실 어메니티로는 프랑스 향수 브랜드인 딥디크 세트가 제공된다. 객실 내에는 가벼운 스낵과 음료가 포함된 미니바가 무료로 제공된다.

🚶 롯데호텔 괌과 호텔 닛코 괌 사이 📍 241 Gun Beach Rd, Tamuning, 96913 📞 671-969-5200
₩ 40만 원~ 🏠 thetsubakitower.com

레스토랑 호텔 최고층에 위치한 이탈리안 파인 다이닝 레스토랑 밀라노 그릴 라 스텔라(Milano Grill-La Stella), 캐주얼 올데이 뷔페 레스토랑 까사 오세아노(Casa Oceano), 차모로 문화에서 영감을 받은 다양한 요리와 에프터눈 티를 맛볼 수 있는 판할레 로비 라운지(Fanhale Lobby Lounge), 낮에는 음료를 제공하며 밤에는 위스키 바로 운영하는 가다오 바(Gadao Bar), 풀 사이드바 누누바(Nunu Bar) 등 여덟 개의 레스토랑과 바가 있다.

수영장 등 부대시설 더 츠바키 타워 괌에는 투몬 베이의 환상적인 뷰가 펼쳐지는 420m2 크기의 인피니티 메인 풀과 바로 옆에 키즈 풀이 있어 가족이 이용하기 좋다. 호텔에서 해변까지는 도보 2~3분 거리지만, 더 편하게 오갈 수 있도록 셔틀 서비스를 제공한다. 또한 야외 영화관, 괌 원주민인 차모로족의 전통과 흥미로운 이야기를 만나는 리틀 차모로 클럽 프로그램 등을 운영하여 밤하늘 아래서 특별한 추억을 만들 수 있다. 호텔 최상층에는 잊지 못할 특별한 결혼식을 경험할 수 있는 웨딩 채플 '스카이 웨딩' 등 다양한 부대시설이 있으며, 바로 옆에 위치한 호텔 닛코 괌의 수영장을 함께 이용할 수 있는 점도 매력적이다.

🕐 메인 풀 08:00~23:00, 키즈 풀 10:00~18:00, 비치 셔틀 스케줄 08:00~18:00, 15분 간격

.... **TIP** ....
매일 저녁 메인 풀장에서 분수쇼를 볼 수 있다(3회, 19:30/21:00/22:30).

명실상부 괌 최고의 리조트

두짓타니 괌 리조트 Dusit Thani Guam Resort

타이계 두짓 인터내셔널 호텔 체인으로 2015년 7월 개장했다. 두짓 인터내셔널은 타이의 우아한 서비스에 아름다운 전통 타이 인테리어와 최고급 스파 시설, 전 세계 10대 요리로 인정받는 타이 요리를 호텔 운영에 접목시켜 지난 65년간 세계적으로 인정받는 글로벌 호텔 브랜드로 성장해왔다. 투몬 중심가에 위치해 접근성이 좋으며 객실은 투몬 비치를 정면으로 향하고 있어 괌 리조트 중 최고의 전망을 자랑한다. 아름다운 풍경과 전통적인 타이양식이 현대적으로 어우러진 건물 디자인이 독특하며, 고품격 레스토랑 및 최고급 스파 시설을 보유하고 있어 명실상부 괌 최고의 리조트로 인정받고 있다.

🚶 두짓 비치 리조트 괌 옆 📍 1227 Pale San Vitores Rd, Tamuning 📞 671-648-8000
₩ 35만 원~ 🏠 www.dusit.com/dusitthani/guamresort

객실 환경과 전망 투몬 비치를 따라 여러 호텔과 리조트가 줄지어 늘어서 있지만 두짓타니 괌 리조트만큼 정면으로 바다 가까이 있는 호텔은 없다. 덕분에 오션뷰 객실에 들어서는 순간부터 에메랄드 빛 바다와 마주할 수 있다. 총 419개의 객실은 마운틴뷰 객실과 오션뷰 객실로 구분되며 층수와 구조, 혜택 등에 따라 디럭스룸, 프리미어룸, 클럽룸, 스위트룸 등으로 구분된다. 최신 호텔답게 객실은 옷장, 가구, 카펫까지 세련되고 고급스럽다. 모든 객실 투숙객은 투숙 기간 동안 미니바를 1회 무료로 이용할 수 있다.

레스토랑 두짓타니 괌 리조트는 객실뿐 아니라 레스토랑 및 바의 전망도 좋기로 유명하다. 총 여섯 개의 레스토랑 및 바가 운영 중이며 특히 파노라마로 펼쳐지는 전망의 메인 뷔페 레스토랑 아쿠아(Aqua), 트립어드바이저 괌 소재 레스토랑 1위에 빛나는 알프레도 스테이크하우스(Alfredo's Steakhouse), 타이 레스토랑 소이(Soi), 투몬 비치 바로 앞에 위치한 풀사이드 바 타시 그릴 (Tasi Grill)은 두짓타니의 자랑이다.

스파 데바라나 스파(Devarana Spa)에서 타이 럭셔리 스파 체인의 최고급 서비스를 경험해보자. 데바라나는 '천국의 정원'을 뜻하는 타이 산스크리트어다. 세련된 시설에 독특한 타이식 디자인이 조화로운 곳.

📞 671-648-8064 ⏱ 09:00~23:00 $ 데바라나 패션 릴렉싱 90분 $180 @ guam@devaranaspa.com

키즈 클럽 수영장과 같은 층인 G층에 위치한 키즈 클럽(Kids Club)은 객실 키를 이용해 들어갈 수 있다. 만 2~10세 어린이가 이용할 수 있으며 항상 부모가 동행해야 한다. 규모가 크지 않지만 바닷속 거북이와 만타가오리가 그려진 공간에 게임기와 간단한 블록 등이 준비되어 있다.

⏱ 08:00~18:00

수영장 아름다운 투몬 비치가 보이는 인피니티 수영장으로 잘 가꿔진 조경에 둘러싸여 있다. 규모가 크지 않지만 수심이 다양해 어린이부터 성인까지 편안하게 물놀이를 즐길 수 있다. 수영장 옆에는 풀 바를 비롯해 체온 유지를 할 수 있는 자쿠지, 선베드와 카바나, 작은 슬라이드가 있다. 슬라이드는 어린이가 이용하기 좋은 규모이니 스릴을 기대했다간 실망할 수 있다.

⏱ 08:00~19:00

전용 라운지 클럽룸 이상의 객실 투숙객이 이용할 수 있는 전용 라운지 두짓 클럽(Dusit Club)은 30층에 있다. 바다가 정면으로 보이는 테이블과 좌석은 언제나 인기 만점! 조식을 비롯해 오후엔 간단한 핑거푸드와 다과를 곁들인 애프터눈 티를, 저녁 해피아워엔 이브닝 칵테일과 간단한 안주 겸 식사를 즐길 수 있다. 특히 아름다운 바다가 붉게 물드는 일몰 시간에 칵테일이나 와인 한잔 마시는 호사를 누릴 수 있다.

⏱ 06:00~23:00, 브렉퍼스트 06:30~10:00, 애프터눈 티 13:00~15:00, 해피아워 16:00~19:00(성인 전용 18:00~19:00)

두짓 비치 리조트 괌 Dusit Beach Resort Guam

뛰어난 위치와 부대시설로 인기를 모았던 아웃리거 괌 리조트가 2021년 타이계 두짓 인터내셔널 호텔 체인인 두짓 비치 리조트로 새롭게 태어났다. 로비는 더 플라자 쇼핑센터와 연결되며 수영장은 투몬 비치로 바로 이어진다. 또 맞은편에 T갤러리아가 있고 언더워터월드, 하드록 카페, 씨 그릴 레스토랑, 애비뉴 스테이크 & 랍스터 등 유명 레스토랑과의 접근성이 좋아 휴양과 미식, 쇼핑을 동시에 즐길 수 있다. 600여 개의 객실은 슈페리어룸, 디럭스룸, 스튜디오룸, 클럽룸 등으로 구분되며 각각 전망에 따라 오션뷰, 오션프런트 등으로 나뉜다. 클럽룸 이상 객실의 투숙객은 21층에 있는 두짓 클럽 라운지에서 조식과 무료 오르되브르 및 칵테일을 무료로 이용할 수 있다.

🚶 T갤러리아 맞은편, 더 플라자와 연결 📍 1255 Pale San Vitores Rd, Tamuning, 96913 📞 671-649-9000 ₩ 28만 원~ 🏠 www.dusit.com/dusitbeach-resortguam

레스토랑 두짓 비치 리조트의 메인 레스토랑 팜 카페(Palm Cafe)에서는 전 세계의 풍미와 맛을 느낄 수 있는 현지 및 세계요리와 아침, 점심, 저녁 뷔페 및 알라카르트 일품요리를 제공한다. 그 밖에 매일 저녁 현지 뮤지션의 라이브 공연을 감상하며 칵테일을 마실 수 있는 뱀부 바(Bambu Bar), 투몬 비치의 일몰을 감상하며 캐주얼한 야외 다이닝과 칵테일을 즐길 수 있는 비치 하우스 그릴(Beach House Grill) 등이 있다.

수영장 쭉쭉 뻗은 아담한 야자수와 폭포 덕분에 휴양지 분위기를 제대로 느낄 수 있다. 성인용 풀장과 어린이용 풀장, 자쿠지와 작은 슬라이드가 있어 아이들과 함께 놀기 좋다. 바로 옆에 위치한 같은 두짓 인터내셔널 호텔 체인인 두짓타니 괌 리조트의 수영장을 함께 이용할 수 있다.

웨스틴 리조트 괌 The Westin Resort Guam

리츠칼튼, W호텔, 쉐라톤, 르메르디앙 등 전 세계 7,000개가 넘는 호텔 체인을 보유한 메리어트 본보이 계열의 럭셔리 리조트. 투몬 북쪽 끝에 위치해 투몬 비치는 물론, 건 비치와 멀리 사랑의 절벽까지 조망할 수 있다. 총 432개 객실은 디럭스룸, 슈페리어룸, 클럽룸, 스위트룸, 2베드룸 빌라 등으로 구분된다. 2베드룸 빌라는 침실 두 개, 욕실 두 개, 거실과 간단한 주방 시설을 갖추고 있으며 테라스에 전용 자쿠지가 있어 가족여행자들이 이용하기 좋다. 클럽룸 이상 투숙객은 21층의 로열 비치 클럽(Royal Beach Club) 라운지와 해변의 전용 카바나를 이용할 수 있다. 웨스틴만의 특화된 '헤븐리 베드 & 배스(Heavenly Bed & Bath)'는 말 그대로 천상의 잠자리를 제공한다. 침대 때문에 웨스틴 리조트를 예약하는 고객이 많을 정도로 이곳 최고의 장점으로 꼽는다.

🚶 JP슈퍼스토어 맞은편　📍 105 Gun Beach Rd, Tamuning　📞 671-647-1020
🏧 28만 원~　🏠 www.marriott.co.kr/hotels/travel/gumwi-the-westin-resort-guam

레스토랑 웨스틴 리조트에는 다양한 요리를 즐길 수 있는 총 다섯 개의 레스토랑 및 바 시설이 있다. 다양한 수상 경력에 빛나는 오픈 키친 형태의 뷔페 레스토랑 테이스트(Taste), 정통 이탈리아 요리를 맛볼 수 있는 프레고(Prego), 멋진 전망과 함께 일식 요리를 맛볼 수 있는 일식당 이신(Issin) 등이 있다. 로비에는 괌에서 유일한 스타벅스 매장이 있어 커피 마시러 일부러 방문하는 사람이 있을 정도로 인기다.

수영장 메인 풀, 인공폭포가 있는 작은 풀, 몸을 따뜻하게 할 수 있는 자쿠지가 마련되어 있으며 풀장 주변에 선베드가 넉넉한 편이다. 슬라이드는 없지만 유아 풀이 따로 있어 아이를 동반한 가족여행자들이 즐기기 좋다. 물놀이 중간에 맥주나 칵테일 등 음료를 마실 수 있는 미스티스 비치 바(Misty's Beach Bar)도 있다. 야외 수영장은 투몬 비치로 연결되는데 다른 호텔 및 리조트에 비해 '프라이빗'한 비치를 즐길 수 있다는 게 장점이다.

🕐 07:00~22:00

키즈 클럽 로비 옆쪽에 있는 브릭 라이브(Brick Live)는 레고 브릭으로 가득한 30평 규모의 키즈 클럽이다. 레고 시티, 레고 프렌즈, 레고 듀플로 등 전세계에서 인기 있는 레고 시리즈와 1만 8,000여 개의 레고 브릭이 준비되어 있다. 나만의 글이나 그림 작품을 만들 수 있는 그래피티 월, 레고 브릭으로 자동차를 만들어 경주를 펼칠 수 있는 레이스 트랙 등 놀거리가 다양하다. 투숙객 누구나 객실 키를 이용해 무료로 이용할 수 있다.

🕐 09:00~21:00

웨스틴 패밀리 프로그램 아이와 함께하는 가족을 위한 피자 만들기, 미술 교실, 영어 놀이, 스노클링 등 다양한 프로그램이 준비되어 있다. 모든 프로그램은 부모님이 함께 참여해야 하며 예약은 필수다.

스노클링 🕐 월~토요일 $ 성인 $20, 어린이 $15
피자 만들기 🕐 월·수·금요일 $ $5
핫도그 & 햄버거 만들기 🕐 화·목·토요일 $ $10
영어로 놀기 🕐 화요일 $ 어린이 $20
아트 & 공예 교실 🕐 금요일 $ 어린이 $25

호시노 리조트 리조나레 괌 Hoshino Resorts Risonare Guam (구 온워드 비치 리조트)

투몬 중심에서 차로 약 10분 거리에 있는 리조트로, 2023년 일본계 호시노사가 온워드 비치 리조트를 인수해 현재는 '호시노 리조트 리조나레 괌'이라는 이름으로 운영되고 있다. 430개의 객실, 괌 최대 규모의 워터파크를 갖추고 있는 만큼, 가장 큰 장점이라면 별도 입장료를 내고 들어가도 아깝지 않을 워터파크를 투숙객은 무료로 이용할 수 있다는 점. PIC보다 가격이 저렴하면서 슬라이드 시설은 더 다양하다. 투몬 중심에서 벗어나 있다는 게 단점이지만 초등학생 연령대 이상의 아이를 동반한 가족여행자들이 머물기에 더할 나위 없이 좋다. 객실은 타워동과 윙동으로 나뉘며 선상에 따라 오션뷰와 시티뷰로 구분된다. 나른 호텔보다 객실이 큰 편이며 객실마다 더블 침대가 두 개씩 있어 아이와 함께 가족여행을 즐기기 좋다.

🚶 괌 프리미어 아웃렛(GPO)에서 차로 3분 📍 445 Governor Carlos G Camacho Rd, Tamuning 📞 671-647-7777 ₩ 25만 원~ 🏠 hoshinoresorts.com

레스토랑　호시노 리조트에는 총 여섯 개의 레스토랑 및 바가 있다. 아침과 점심을 해결할 수 있는 뷔페 레스토랑 르 프리미에(Le Premier), 데판야끼 등 일식을 제공하는 사가노(Sagano), 앵거스 비프를 사용한 그릴 요리 전문점 카라벨(Caravel), 로비 라운지 베이뷰(Bayview), 풀사이드 바 슬리피 라군(Sleepy Lagoon), 이 있다.

워터파크 & 액티비티　12미터 높이에서 튜브를 타고 수직 낙하하는 괌 최대 스릴 만점의 만타 슬라이드를 비롯해 다양한 워터 슬라이드가 있다. 최대 1.2미터의 높은 파도를 시작으로 크고 작은 파도를 즐길 수 있는 웨이브 풀, 전체 길이 360미터의 리버 풀, 수심 30미터의 어린이 전용 풀, 액티비티를 할 수 있는 다목적 라운드 풀 등 워터파크 시설이 훌륭하다. 수영장과 연결되는 아가냐 베이에서는 카누 및 스노클링 장비를 무료로 대여할 수 있고 별도 요금을 지불하면 제트스키와 패러세일링도 즐길 수 있다. 페달보트와 카누를 타고 바로 앞 무인도 알루팟(Alupat)섬까지 가는 특별한 경험도 할 수 있다.

🕐 09:30~17:30

편의시설　온워드 타워 로비층에서 컴퓨터와 전자레인지를 사용할 수 있다. 그 밖에 간단한 간식을 구입할 수 있는 편의점 마이 마트(My Mart), 각종 브랜드의 옷이나 신발, 가방 등을 구매할 수 있는 면세점 본 보야지(Bon Voyage)도 있다. 온워드 윙 지하 1층 다목적실에서는 골프와 탁구, 테이블 축구 게임 등을 즐길 수 있으며 세탁기와 건조기를 갖춘 코인 세탁실도 운영하고 있다.

퍼시픽 아일랜드 클럽(PIC) 괌 Pacific Islands Club Guam

퍼시픽 아일랜드 클럽(PIC)은 4만여 평 규모에 다양한 형태의 777개 객실을 갖췄으며 70여 가지 레저와 스포츠를 무료로 즐길 수 있는 종합 휴양 리조트다. 객실은 로열 타워(Royal Tower)와 오세아나 타워(Oceana Tower)로 나뉘는데, 최근에 리노베이션을 마쳐 더욱 깔끔해진 로열 타워의 객실은 모두 오션뷰로 아름다운 바다를 볼 수 있다. 모두 오션뷰로 아름다운 바다를 볼 수 있다. 각양각색 요리를 선보이는 아홉 개의 레스토랑과 바, 투숙객만 이용할 수 있는 전용 해변도 눈에 띈다. 무엇보다 만능 스포츠맨이자 엔터테이너인 '클럽메이트'는 PIC의 자랑이다. 실제 바닷속 풍경을 그대로 재현해놓은 듯한 인공수족관, 스노클링이나 윈드서핑 등 다양한 프로그램을 PIC 클럽메이트와 함께 즐길 수 있다. 또한, 워터파크 시설과 프로그램 덕분에 1년 내내 빈 객실이 없을 정도로 인기 만점이다. 다만 여기가 한국인지 괌인지 모를 정도로 한국인이 많다는 점은 참고하자.

🚶 T갤러리아에서 차로 5분 📍 210 Pale San Vitores Rd, Tumon Bay 📞 671-646-9171
💰 35만 원~ 🏠 www.pic.co.kr

골드카드　　숙박 예약 시 '골드카드'로 선택하면 PIC의 모든 레스토랑에서 전 일정 무료로 식사할 수 있고 각종 액티비티의 장비 대여 및 강습까지 추가 비용 없이 무료로 이용 가능해 하루 종일 리조트에만 머물러도 충분하다. 또한, 골드카드로 괌 유일의 전통 미국식 서커스 공연인 슈퍼 아메리칸 서커스 일반석 1회 무료 관람이 가능하다. 그리고 부모가 골드카드를 이용할 경우 만 2~11세 자녀 두 명까지 무료로 골드카드가 제공되기 때문에 가족여행자들에게 안성맞춤이다. 하루 세 끼가 모두 포함되는 골드카드가 부담스럽다면 조식만 포함된 실버카드나 식사가 포함되지 않은 브론즈카드로도 예약이 가능하니 참고하자.

레스토랑 PIC에서 규모가 가장 큰 레스토랑으로 아침, 점심, 저녁 모두 뷔페를 제공하는 스카이라이트(Skylight), 양식 레스토랑 비스트로(Bistro), 데판야끼와 스시 등 일식 레스토랑 하나기(Hanagi), 홋카이도 전통 라멘을 맛볼 수 있는 라멘 하우스 홋카이도(Ramen House Hokkaido), 선셋 바 & 선셋 바 비큐, 퍼시픽 판타지 디너쇼 등 일곱 개의 다양한 레스토랑 및 바가 있다.

워터파크 & 액티비티 신나는 워터 슬라이드와 아슬아슬한 수중 징검다리가 있는 메인 풀 외에도 농구나 통나무 굴리기를 할 수 있는 게임 풀, 챌린지 풀 등 다양한 수영장이 있다. 특히 주목할 곳은 전 세계에 여덟 개만 있다는 '스윔스루(Swim-Thru) 어드벤처'. 실제 바다를 그대로 옮겨놓은 듯한 물속에서 2,000여 마리의 열대어와 산호초 사이를 가르며 스노클링과 스쿠버다이빙을 할 수 있다.

🕐 메인풀, 게임풀 09:00~20:00, 라군 카약, 키즈풀, 랩풀 09:00~18:00, 스윔스루 어드벤처 09:00~17:00

스포츠 & 액티비티 피트니스 센터를 비롯해 포켓볼, 탁구, 테이블 축구 등 다양한 실내 스포츠를 할 수 있는 게임룸, 18홀 72파 미니 골프 코스를 즐길 수 있는 퍼터 골프, 트램펄린과 테니스 코트, 양궁장 등 다양한 스포츠 및 액티비티 시설을 무료로 이용할 수 있다. 또한 매일 저녁 8시 15분 PIC의 마스코트 시헤키(Siheky)가 등장하는 3D 분수쇼는 화려한 레이저와 함께 즐길 수 있다.

🕐 피트니스 센터, 게임룸, 퍼터 골프, 실외 테니스 코트 등 09:00~21:30, 트램펄린 09:15~12:00, 13:15~17:00, 18:15~21:30

키즈 클럽 만 4~12세 어린이라면 누구나 무료로 참여할 수 있는 키즈 클럽이야말로 PIC의 매력을 가장 잘 보여주는 것 아닐까. 아이들이 클럽메이트를 따라 각종 스포츠와 게임, 액티비티를 하면서 자연스럽게 영어를 익히는 동안 어른들은 쇼핑하거나 휴식을 취하며 재충전의 시간을 보낼 수 있다. 만 4세 미만의 영유아를 위한 리틀 키즈 클럽도 별도로 운영하고 있다.

🕐 09:00~17:00(최대 4시간 이용 가능)

괌 리프 호텔 Guam Reef Hotel

한국인 관광객에게는 인지도가 낮지만 위치도 좋고 주변 호텔 및 리조트에 비해 가격도 합리적인 편이다. 바로 맞은편에 JP슈퍼스토어가 있고 T갤러리아나 더 플라자까지 채 5분도 안 걸린다. 총 420여 개의 객실은 비치 타워(Beach Tower)와 인피니티 타워(Infinity Tower) 등 2개 동으로 구분되는데, 비치 타워의 오션 스위트 객실과 인피니티 타워의 인피니티 코너 킹 객실이 단연 돋보인다. 이 객실들은 L 자형의 대형 창문과 발코니가 있어 그 어느 호텔 객실에서보다 투몬 비치의 모습을 제대로 감상할 수 있다. 또한 비치 타워의 재패니즈 스위트 오션프런드 객실은 일본식 디디미빙으로 최대 여섯 명까지 투숙 가능해 소그룹이나 나가속이 이용하기 좋다. 2개 동 객실 모두 카펫 대신 마루와 타일이 깔려 있어 먼지에 예민한 사람들에게 알맞으며 객실마다 정수기가 비치된 점도 인상적이다.

🏃 웨스틴 리조트 괌 옆　📍1317 Pale San Vitores Rd, Tamuning　📞671-646-6881
₩ 25만 원~　🏠 www.guamreefhotel.co.kr

레스토랑 아침, 점심, 저녁이 제공되는 메인 레스토랑 리카 & 리코(Rica & Rico), 일식 요리를 제공하는 요쇼쿠야 산고(Yoshoku-Ya Sango), 괌에서 가장 높은 곳에 위치한 탑 오브 더 리프(Top of the Reef), 인피니티 비치 클럽(Infinity Beach Club), 풀사이드 바 & 바비큐, 간단한 음료와 스낵을 판매하는 편의점 샌드 듄(Sand Dune) 등 식음료 매장이 있다. 호텔 바로 옆에 유명 팬케이크 전문점인 에그 앤 띵스(Eggs 'n Things)가 있어 브런치를 먹기 좋다.

수영장 로비 창문 너머로 보이는 인피니티 풀은 괌 리프 호텔의 자랑이다. 파라솔 아래 누워 바라보는 파란 하늘과 투몬 비치의 모습도 아름답지만 하늘이 온통 붉게 물들어가는 일몰 시간엔 특히 더 낭만적이다. 워터 슬라이드 같은 아이들을 위한 놀이 시설이 없어 가족여행자라면 조금 아쉽겠지만 조용한 수영장을 즐길 수 있어 커플 여행객 사이에선 더 인기다.

🕐 08:00~20:00

리가 로얄 라구나 괌 리조트 RIHGA Royal Laguna Guam Resort

쉐라톤 라구나 괌 리조트가 2022년 4월 리가 로얄 라구나 괌 리조트라는 이름으로 재 오픈했다. 리가 로얄 브랜드는 1935년 일본 오사카에서 시작한 체인 호텔로 미주 지역에서는 처음 괌에 선보였다. 투몬 중심가에서 차로 10분 남짓 거리라 도보 여행자보다는 렌터카 여행자에게 더 적합한 리조트. 시내 중심에서 살짝 떨어져 있어 교통은 불편할 수 있지만 덕분에 조용한 분위기에서 아름다운 오션뷰를 즐길 수 있다. 특히 자연 그대로의 느낌을 살려 만든 넓은 라군, 바다와 수평을 이루는 성인 전용 인피니티 풀은 커플 여행자에게 더할 나위 없이 좋다. 또 하나 장점이라면 오션뷰, 베이뷰, 오션프론트 등으로 구분되는 318개의 전 객실에서 바다를 전망할 수 있다는 점이다. 특히 오션프론트 코너 스위트룸은 일반 객실의 열 배 그기에 빌고니에는 하뤼 자구지와 신베느를 깇수고 있어 신혼여행객에게 제격이다. 투몬 비치 앞 다른 리조트들과 달리 고운 모래사장의 해변이 없다는 게 아쉬울 수 있지만 리조트 맞은편에 위치한 무인도 알루팟(Alupat)섬에서 각종 액티비티를 즐길 수 있다.

🚶 T갤러리아에서 차로 약 10분 📍 470 Farenholt Ave, Tamuning 📞 671-646-2222
💰 23만 원~ 🏠 www.sheratonguam.co.kr

레스토랑 테마에 따라 매일 메뉴가 바뀌는 웨스턴 스타일의 메인 뷔페 레스토랑 라 카스카타(La Cascata), 아가냐 베이의 아름다운 석양을 배경으로 화려한 괌 전통 공연을 함께 즐기는 베이사이드 바비큐(Bayside BBQ), 물놀이 후 각종 음료 및 식사를 즐길 수 있는 풀사이드 바 서퍼스 포인트(Surfer's Point), 스타벅스 원두로 내린 커피를 맛볼 수 있는 더 포인트(The Point), 정통 일본식 데판야끼를 맛볼 수 있는 더 프레지던트 닛폰(The President Nippon) 등 다섯 개의 레스토랑 및 카페가 영업 중이다.

수영장 리가 로얄 라구나 괌 리조트의 수영장은 성인 전용으로 운영되는 인피니티 풀, 워터 슬라이드가 있는 패밀리 풀, 수심이 낮은 키즈 풀로 구분되어 있다. 조용히 즐기고 싶은 연인들, 아이와 함께 즐기고 싶은 가족여행자 모두에게 만족스럽다.

🕐 08:00~21:00

스파 스파 아유아람(Spa ayualam)은 산스크리트어로 '생명', 인도네시아어로 '자연'과 '아름다움'이라는 의미에서 탄생한 이름이다. 이름 그대로 자연에서 자라난 재료를 사용하여 테라피스트 손의 온기와 기술로 전하는 내추럴 힐링 스파이다.

🕐 10:00~22:00 **$** 시그니처 릴렉스 마사지 60분 $135

전용 라운지 클럽 라운지(Club Lounge)는 클럽룸 이상의 객실 투숙객을 위한 VIP 라운지다. 조식 서비스를 비롯해 낮 시간엔 간단한 쿠키와 맥주나 와인 등 음료 서비스, 해피 아워엔 각종 애피타이저와 주류 등 음료 서비스가 제공된다.

🕐 브렉퍼스트 07:00~10:00, 클럽 서비스(빵, 쿠키, 과자, 맥주, 하우스 와인, 탄산음료, 커피 등) 14:00~16:00, 칵테일 서비스(각종 애피타이저, 맥주, 진, 보드카, 하우스 와인, 위스키, 탄산음료, 커피 등) 17:00~20:00, 음료 & 스낵 서비스(탄산음료, 주스 커피, 과자 등) 06:30~23:00

힐튼 괌 리조트 & 스파 Hilton Guam Resort & Spa

각종 열대식물에 둘러싸인 힐튼 괌 리조트 & 스파는 1972년 괌 최초로 세워진 리조트다. 13만 제곱미터의 넓은 대지에 객실은 총 646개로 메인 타워(Main Tower), 프리미어 타워(Premier Tower), 더 타시(The Tasi) 등 각기 다른 콘셉트의 3개 동에 나뉘어 있다. 중심에 위치한 메인 타워 1층에는 메인 로비, 레스토랑, 기념품 숍 등 편의시설이 잘 갖춰져 있으며 수영장과 비치 접근성이 뛰어나다. 특히 메인 타워의 오션뷰 객실은 바다와 수영장 전망이 훌륭해 인기가 많다. 가장 최근에 지어진 프리미어 타워의 객실은 다른 객실보다 조금 더 세련된 분위기다. '호텔 속의 호텔' 콘셉트로 운영되는 더 타시는 괌 전체 호텔 객실 중 바나와 가장 인접한 오션프론트를 자랑한다. 힐튼 괌 리조트 & 스파는 오래된 느낌의 객실이 단점이었는데, 최근에 더 타시에 이어 프리미어 타워까지 리노베이션을 마치고 깔끔한 모습으로 변신했다. 투몬 중심에서 남쪽으로 살짝 떨어진 이파오 비치 부근에 있어 우리나라 여행자가 아주 선호하는 위치는 아니지만 근처 해변이 훌륭하고 조용하다는 장점 때문에 일부러 찾는 사람도 많다. 리조트 앞 바다는 장비만 챙겨 들어가면 형형색색 물고기와 산호초를 볼 수 있는 스노클링의 명소다.

🚶 이파오 비치 파크 옆 📍 202 Hilton Road, Tumon Bay 📞 671-646-1835 ₩ 20만 원~ 🏠 www.hilton-guam.co.kr

레스토랑　매일 새로운 뷔페 메뉴를 제공하는 아일랜더 테라스(Islander Terrace), 캐주얼한 분위기의 씨푸드 레스토랑 피셔맨스 코브(Fisherman's Cove) 등 일곱 개 레스토랑이 운영 중이다. 파인다이닝 로이스 레스토랑의 3코스 런치 메뉴($38+10%)는 가성비 좋기로 유명하다.

수영장　메인 풀, 키즈 풀, 인피니티 풀 등으로 구성되며 워터 슬라이드와 자쿠지 시설을 갖췄다. 투몬 베이와 수평선이 맞닿는 인피니티 풀 아래로는 바다가 펼쳐진다. 하얀 모래사장이 없다는 게 단점이지만 바로 옆 이파오 비치 파크까지 연결되는 바다의 수중환경이 좋기로 유명하다. 해변 앞 마린센터에서 스노클링 세트, 구명조끼, 페달보트 및 튜브 등 장비를 대여할 수 있다.

🕐 08:00~21:00

스파　일본에서 유래한 스파 아유아람(Spa Ayualam)만의 정성과 기술력을 가진 테라피스트가 손으로 온기를 전하고 풀과 나무, 돌에서 나오는 자연 에너지가 몸과 마음에 활력을 준다.

🕐 10:00~21:00

스포츠　괌 최대 규모의 피트니스 시설을 갖춘 웰니스 센터(Wellness Center)에는 투몬 비치를 보며 달릴 수 있는 유산소운동 기구 및 근력운동을 위한 기구, 로커, 샤워실, 사우나 등이 있다. 에어로빅과 개인 트레이닝 프로그램 등은 유료로 운영된다. 무료로 이용할 수 있는 농구 코트와 토너먼트용 테니스 코트도 마련되어 있다.

🕐 06:00~22:00

키즈 클럽　어린이들의 즐거운 놀이공간인 파라다이스 키즈 클럽(Paradise Kids Club)은 쿠키 꾸미기, 키즈 호텔 투어 등 요일별 활동 프로그램을 운영하며 다양한 장난감과 책, DVD, TV 등이 마련되어 있다. 실내 플레이룸만이 아니라 그네와 미끄럼틀을 갖춘 어린이 전용 야외 놀이터도 있다. 프로그램은 무료이며 만 1~12세 어린이는 반드시 보호자를 동반해야 한다.

🕐 플레이룸(실내) 09:00~22:00, 플레이랜드(야외) 08:00~18:00

호텔 닛코 괌 Hotel Nikko Guam

투몬 베이 북쪽 끝자락에 위치해 시내 중심과는 살짝 거리가 있다. 하지만 그 덕분에 투몬 비치보다 조용한 건 비치와 호텔 내 산책로로서 아름다운 자연을 마음껏 누릴 수 있다. 부드러운 곡선 모양의 건물이 해안선을 따라 길게 자리 잡고 있어 객실에서 보는 전망이 일품이다. 총 460개의 객실 모두 오션뷰를 자랑하는데 아름다운 투몬 비치 뷰, 망망대해가 바라다보이는 센터뷰, 사랑의 절벽이 보이는 건 비치 뷰까지 다양한 경관을 즐길 수 있다. 물놀이를 중요하게 생각하는 여행자라면 괌에서 수중환경이 가장 빼어나다는 건 비치 앞바다의 스노클링, 괌에서 가장 긴 72미터짜리 슬라이드가 있는 수영장을 놓치지 말자.

🏃 롯데호텔 괌 옆 📍 245 Gun Beach Rd, Tumon 📞 671-649-8815
₩ 20만 원~ 🏠 www.nikkoguam.co.kr

레스토랑 호텔 16층에 위치해 남태평양을 파노라마뷰로 즐길 수 있는 정통 중국식 레스토랑 토리(Toh-Lee), 뷔페 레스토랑 마젤란(Magellan), 신선한 초밥을 맛볼 수 있는 스시 바로 유명한 일식 레스토랑 벤케이(BenKay), 아름다운 석양과 함께 폴리네시안 전통 공연과 불 쇼를 감상하며 고기를 직접 구워 먹을 수 있는 선셋 비치 바비큐(Sunset Beach BBQ), 환상의 마술쇼를 눈앞에서 보며 식사할 수 있는 닛코 매직 & 일루전 쇼(Nikko Magic & Illusion Show) 등 일곱 개의 레스토랑과 바가 있다.

닛코 매직 & 일루전 쇼 🕐 18:30~20:30(수요일 휴무, 쇼 타임 19:15~ 💲 성인 $28~67, 어린이(만 4~11세) $14~35 (별도 +10%)

수영장 패밀리 풀과 두 개의 키즈 풀로 구성
되어 있으며 72미터에 달하는 긴 워터 슬라이
드가 있어 아이들뿐 아니라 어른들에게도 인기
만점이다. 비치타월은 수영장에서 무료로 대여
할 수 있으나 폐장 전에 반납하지 않으면 10달
러 요금이 부과되니 유의해야 한다.

🕐 08:00~20:00, 워터 슬라이드(만 7세 이상 이용 가
능) 09:30~18:00, 비치 08:00~18:00

전용 라운지 로비층에 위치한 프리미어 라
운지(Premier Lounge)는 오션프런트 프리
미어룸 또는 스위트룸 고객을 위한 서비스 공
간이다. 콘티넨털 조식과 함께 주먹밥, 된장
국 등이 아침식사로 제공되며 신선한 사이폰
(Siphon) 커피를 언제든지 즐길 수 있다. 오후
에는 쿠키와 음료가 마련된 티타임, 일몰과 함
께 즐길 수 있는 칵테일 서비스 등이 제공된다.
그 밖에도 체크인과 체크아웃 우선 서비스, 웰
컴 드링크 제공, 호텔 내 레스토랑 우선 좌석 배
치, 전용 주차장 이용 혜택 등을 누릴 수 있다.

🕐 07:00~21:00, 브렉퍼스트 07:00~10:00, 티타임
10:00~17:00, 칵테일 타임 17:00~19:00, 애프터디너
타임 19:00~21:00

놀이 아이들은 미끄럼 타기나 매달리기를 할
수 있는 야외 놀이터, 매트리스가 깔린 실내 놀
이방을 보호자 동반 시 무료로 이용할 수 있다.
어른들은 매일 아침 6시 30분부터 한 시간 동
안 2층 로턴다 코트(Rotunda Court)에서 무료
요가를 즐길 수 있는데, 전날 밤 10시까지는 반
드시 예약을 해야 한다. 호텔 1층에는 양질의
마사지와 스파를 경험할 수 있는 스파 아유아
람(Spa Ayualam)이 있다.

🕐 키즈 플레이룸(실내) 09:00~18:00, 키즈 플레이그
라운드(야외) 08:00~18:00, 요가 06:30~07:30

스파 스파 아유아람은 자연에서 나온 재료
를 이용해 개개인의 컨디션에 맞게 신체의 에너
지 밸런스를 맞추고 편안한 휴식을 제공한다.

🕐 10:00~ 22:00(금~일), 15:00~23:00(월~목)

롯데호텔 괌 Lotte Hotel Guam

투몬 중심에서 도보 10분 거리이며, 웨스틴 리조트와 호텔 닛코 사이에 있다. 예전 오로라 리조트를 롯데가 인수하여 2014년 리노베이션을 마쳤으며, 세계적인 디자인사 HBA가 설계해 편안하고 세련된 호텔로 재탄생했다. 호텔 객실은 아름다운 투몬의 전망을 자랑하는 파노라마식 오션뷰의 타워 윙(Tower Wing)과 거실을 겸비한 넓은 객실과 주방 시설을 갖춘 콘도형 아일랜드 윙(Island Wing)으로 나뉜다.

타워 윙의 경우 오션프런트 디럭스를 제외한 나머지 객실 투숙객은 클럽 라운지를 이용할 수 있으며, 특히, 객실 발코니에서 수영장과 바로 연결되는 풀 엑세스 스위트룸과 인기 애니메이션 〈브레드 이발소〉를 테마로 꾸민 캐릭터룸이 가족여행객에게 인기가 많다.

🚶 괌 리프 & 올리브 리조트와 호텔 닛코 괌 사이 　📍 185 Gun Beach Rd, Barrigada
📞 671-646-6811 　₩ 30만 원~ 　🏠 www.lottehotel.com/guam-hotel

레스토랑 아일랜드 윙 로비층에 위치해 투몬 비치가 한눈에 들어오는 탁 트인 전망의 뷔페 레스토랑 라 세느(La Seine), 모던하게 꾸며진 공간에서 투몬 비치의 아름다운 석양을 바라볼 수 있는 더 라운지 & 델리(The Lounge & Deli), 수평선이 아름답게 펼쳐진 야외 수영장에서 칵테일 한잔과 함께 낭만을 더할 수 있는 호라이즌 카페풀 바(Horizon Cafe-Pool Bar) 등 세 개의 레스토랑 및 바가 있다. 라 세느 디너 뷔페에서는 나티부 댄스 아카데미 댄서 공연 및 매직쇼를 감상할 수 있다.

🕐 화, 목, 토, 일요일 디너 : 나티부 댄스 아카데미 공연 / 금요일 디너 : 매직쇼(4~6월)

수영장 롯데호텔 괌의 야외 수영장은 메인 풀, 인피니티 풀, 자쿠지, 키즈 풀로 구분된다. 그동안 수영장에 슬라이드가 없어 가족여행자들이 조금 아쉬워했는데, 메인 풀에 슬라이드가 새롭게 설치되고 키즈 풀에도 폭포와 작은 슬라이드가 있는 놀이 구역이 생겨 아이들이 놀기 좋아졌다. 바다의 수평선과 연결되는 듯한 인피니티 풀은 튜브 사용이 금지되어 있어 커플 여행자들이 조용히 시간을 보내기 좋다. 수영장 주변 선베드는 무료로 이용할 수 있지만 카바나 시설은 별도 요금이 부과된다.

🕐 수영장 09:00~20:00, 메인 풀 슬라이드 10:00~17:00, 10세 이상 탑승(만 5~9세 어린이는 보호자와 함께 탑승 가능)

편의시설 타워 윙 2층에는 아이들이 보호자와 함께 이용할 수 있는 키즈 룸을 비롯해, 어른들을 위한 피트니스 클럽, 장기 투숙객을 위한 코인 세탁실이 운영 중이다.

🕐 키즈 룸 08:00~10:00, 피트니스 클럽 24시간, 코인 세탁실 24시간

세계적인 호텔 체인의 명성 그대로

하얏트 리젠시 괌 Hyatt Regency Guam

투몬 베이 중심부에 위치한 자연친화적 호텔. '하얏트'라는 명성 그대로 중후하고 차분한 분위기다. 450개 모든 객실에서 넓은 전면 창과 테라스를 통해 바다 전망을 즐길 수 있다. 객실은 오션뷰, 오션프런트, 클럽룸, 패밀리룸, 스위트룸 등으로 구분되며 클럽룸 이상 객실 투숙객은 클럽 라운지를 이용할 수 있다. 괌에서 가장 넓은 수영장을 둘러싼 정원에는 120여 종의 열대식물과 비단잉어가 살고 있어 산책하는 것만으로도 이국적인 아름다움에 빠져든다. 수영장 근처 새장에는 오색앵무가 사는데 오후 4시부터 6시까지 로비에서 앵무와 사진 찍는 특별한 경험을 할 수 있다.

🚶 샌드캐슬 괌 옆 📍 1155 Pale San Vitores Rd, Tamuning 📞 671-647-1234 ₩ 30만 원~
🏠 www.hyatt.com/ko-KR/hotel/micronesia / hyatt-regency-guam/guamh

레스토랑 하얏트 리젠시 괌에는 세계 각국 요리를 맛볼 수 있는 네 개의 레스토랑 및 델리가 있다. 모던한 이탈리아 레스토랑 알 덴테(Al Dente), 선셋 바비큐와 괌 전통 원주민 쇼를 함께 즐기는 브리지스(Breezes), 뷔페 레스토랑으로 운영되는 카페 키친(Cafe Kitchen), 괌에서 가장 다양한 일식 뷔페를 선보이는 니지(Niji)는 꼭 투숙객이 아니더라도 여행 중 가볼 만하다.

스파 하얏트 리젠시 괌 1층에 위치한 아일랜드 시레나 스파(Island Sirena Spa)에서는 여행의 피로를 풀어주는 고급 마사지를 경험할 수 있다. 단단한 근육을 풀어주는 핫 오일 마사지를 비롯해 페이스 마사지, 뜨거운 돔 안에 들어가는 핫 돔 트리트먼트 등 다양한 메뉴가 있다. 특히 아름다운 오션뷰 전망의 개인 스파 스위트에서 마사지를 받는 스파 스위트 시그니처가 인기.

📞 671-647-1234 🕐 10:00~22:00 💲 스파 스위트 시그니처 디톡스 120분 $200 @ sirena.guam@hyatt.com

수영장 지상 면적 1만 7,000평에 달하는 넓은 부지에 수영장이 세 개나 있고 바로 바다와 연결된다. 바다를 마주한 수영장에서 워터 슬라이드와 수중 배구, 농구 등을 즐길 수 있다.

🕐 08:00~20:00

전용 라운지 리젠시 클럽 라운지(Regency Club Lounge)는 클럽룸 이상 투숙객을 위한 전용 라운지로 12층에 위치한다. 실내 및 테라스에 테이블이 있어 바다를 바라보며 즐길 수 있다. 클럽 라운지 내 콘티넨털 조식을 이용할 수 있으며 라운지 이용 시간 내에는 가벼운 스낵 및 음료가 무료 제공되고, 오후 5시부터 7시까지 해피아워에는 칵테일, 와인 등 주류 및 카나페가 제공된다. 오후 6시부터 7시까지는 만 12세 미만 어린이의 출입을 제한한다.

🕐 07:00~21:00, 브렉퍼스트 07:00~10:00, 해피아워 17:00~19:00(성인 전용 18:00~19:00)

괌 플라자 리조트 & 스파 Guam Plaza Resort & Spa

합리적인 가격으로 숙박하며 쇼핑을 즐기기에 더할 나위
없이 좋은 호텔. JP슈퍼스토어와 연결되어 있으며 길 하나
만 건너면 바로 T갤러리아나 더 플라자에 갈 수 있다. 해변
과 접하고 있지 않은 점은 아쉽지만 야외 수영장, 인공해
변, 다양한 워터 슬라이드를 갖춘 타자 워터파크를 이용할
수 있다. 무엇보다 투몬 중심가에 있는 호텔 가운데 객실
요금이 가장 저렴하기 때문에 늘 인기가 많다. 특급 호텔의
시설과 서비스를 기대하긴 어려워도 가격 부담이 덜한 만
큼 밤 비행기로 새벽에 도착한 첫날 묵으면 좋겠다. 렌터카
를 이용하지 않는다면 택시를 타고 첫날 이곳에 도착한 다
음, 이튿날 도보로 주변 특급 호텔까지 이동힐 수 있다.

🚶 JP슈퍼스토어와 연결 📍 1328 Pale San Vitores Rd, Tamuning
📞 671-646-7803 ₩ 13만 원~ 🏠 www.guamplaza.com/ko

홀리데이 리조트 & 스파 괌 Holiday Resort & Spa Guam

시티뷰, 오션뷰, 파셜 오션뷰(Partial Ocean View) 등 3개
유형으로 252개의 객실을 운영하는 중급 호텔이다. 투몬
시내 중심은 아니지만 T갤러리아와 K마트에서 각각 도보
로 10분 남짓 거리라 뚜벅이 여행자도 저렴한 가격으로 편
하게 이용할 수 있다. 객실이나 전체적인 시설이 다소 낡
아 큰 기대를 하면 실망할 수 있지만, 밤 비행기를 타고 새
벽에 도착하는 고객을 위한 프로모션도 종종 진행하니 눈
여겨보자. 현지인들이 좋아하는 마타팡 비치 파크와 괌 동
물원으로 연결되며 작은 수영장이 있다. 뷔페식 레스토랑
라 브라스리(La Brasserie), 한식당 서울정, 캘리포니아 피
자 키친(California Pizza Kitchen)에서 식사할 수 있고, 부
대시설로 스파 발리(Spa Bali), 간단한 스낵이나 기념품을
구입할 수 있는 미니 미니(Mini Mini) 편의점이 있다.

🚶 투몬 중심에서 남쪽으로 도보 10분, 아칸타 몰에서 도보 4분
📍 800 Pale San Vitores Rd, Tumon 📞 671-647-7272
₩ 10만 원~ 🏠 www.holidayresortguam.com

크라운 플라자 리조트 괌 Crowne Plaza Resort Guam

투몬 중심에서 남쪽으로 살짝 떨어져 있지만 오션뷰 침실과 수영장을 합리적인 가격에 이용할 수 있었던 피에스타 리조트 괌이 리모델링 공사를 마치고 2022년 10월부터 IHG Hotel & Resorts 그룹의 크라운 플라자 리조트 괌으로 새롭게 탄생했다.

가족여행자가 이용하기 좋은 2더블 베드룸 외에 가든뷰, 오션뷰, 오션프론트, 스위트 룸 등 다양한 객실을 보유하고 있다. 폴리네시아 전통 공연을 감상하며 즐기는 카바나 선셋 디너 쇼(Cabana Sunset Dinner Show), 뷔페식 레스토랑 테라스(The Terrace), 풀사이드 인피니티 바(Infinity Bar), 로비 바(Lobby Bar)가 운영된다. 수영장은 탁 트인 비치, 쭉쭉 뻗은 야자수와 어우러져 있으며 성인용 인피니티 풀과 키즈용 두 개로 운영된다. 마린센터에서는 카약, 스노클링, 패들보트, 제트스키 등 다양한 액티비티 장비를 대여할 수 있다.

🚶 홀리데이 리조트 & 스파 괌 옆, 투몬 중심에서 차로 약 4분
📍 801 Pale San Vitores Road, Tamuning 📞 671-646-5880
₩ 26만 원~ 🏠 www.ihg.com/hotels/kr/ko/reservation

레오팔레스 리조트 괌 Leopalace Resort Guam

괌 중심부 요나(Yona)의 언덕지대에 위치한 종합 리조트. 괌의 다른 리조트와 달리 바다보다는 산에 둘러싸여 있다. 광대한 부지는 여의도의 약 두 배 면적으로 괌 섬 전체의 1퍼센트를 차지하는 규모다. 2017년 리노베이션을 거쳐 새로 개장한 호텔과 콘도미니엄 등 숙박 시설, 괌에서 유일한 36홀 골프장, 정규 규격의 축구장과 야구장, 슬라이드가 있는 야외 수영장, 피트니스 센터 등 다양한 시설이 잘 갖춰졌다. 특히 아널드 파머와 잭 니클라우스가 설계한 36홀 골프 코스는 많은 골퍼의 사랑을 받는다. 또한 50미터 길이의 경기용 수영장은 우리나라를 포함한 세계 각국 수영 대표 선수들의 훈련장으로 애용되는 곳이다. 이탈리아식, 일식, 아시아 요리 등을 제공하는 총 여덟 개의 레스토랑 및 바가 있으며 볼링장, 당구와 다트 시설, 탁구장, 노래방 등 부대시설 또한 훌륭하다. 유일한 단점이라면 시내 중심에서 차를 타고 30분가량 가야 한다는 점이다. 시설에 비해 가격도 비싸지 않으니 일정에 여유가 있고 렌터카를 이용하는 여행자라면 추천한다.

🏃 투몬 시내 중심에서 차로 약 30분 📍 221 Lake View Dr, Yona 📞 671-471-0001(한국 예약 센터 02-725-9882) ₩ 15만 원~ 🏠 kr.leopalaceresort.com

오션뷰 호텔 & 레지던스 Oceanview Hotel & Residences

투몬의 호텔 로드에서 웨스틴 리조트 건너편으로 나 있는 언덕길을 오르다 보면 왼쪽 높은 지대에 오션뷰 호텔 & 레지던스가 있다. 바다를 코앞에 끼고 있진 않지만 그 이름답게 모든 객실이 오션뷰다. 호텔과 콘도미니엄 형태의 객실이 있는 콘도식 객실로 구분되는데, 콘도식 객실에는 침실 두 개, 욕실 두 개, 거실, 취사 시설을 갖춘 주방이 있어 가족여행자나 장기 투숙을 희망하는 여행자에게 적합하다. 괌 로컬 음식을 먹을 수 있는 차모 로테이 레스토랑(Chamoru-Tei Restaurant)이 있으며 작은 규모의 수영장을 이용할 수 있다.

🚶 웨스틴 리조트 괌에서 도보 2분 📍 1433 Pale San Vitores Rd, Tumon 📞 671-646-2400 ₩ 10만 원~
🏠 www.oceanviewhotelguam.com

로열 오키드 괌 호텔 Royal Orchid Guam Hotel

투몬 시내 중심에서는 조금 떨어져 있지만, K마트까지 도보 10분 이내 거리이고 투몬 비치로 가는 접근성도 좋은 편이다. 호텔 자체는 전체적으로 오래된 느낌인데 객실은 깔끔한 편이라 합리적인 가격을 원하는 여행자들에게 꾸준히 인기가 있다. 호텔 1층에는 카프리초사(Capricciosa), 토니 로마스(Tony Roma's) 레스토랑이 있으며 바로 옆 건물에는 ABC스토어, 썬더치킨, 자메이칸 그릴(Jamaican Grill) 등이 있다. 2인이 사용할 더블룸 외에도 4인 가족이 이용하기 좋은 패밀리룸이 있어 가족 단위 여행에 좋다.

🚶 PIC 맞은편 📍 626 Pale San Vitores Rd, Tumon
📞 671-649-2000 ₩ 10만 원~
🏠 www.royalorchidguam.com

슬로 라이프,
괌 한 달 살기

여행의 경험이 많아지면서 요즘 떠오르는 트렌드는 '살아보기' 즉 리빙 트립(living trip)이다.
그중에서도 '한 달 살기' 열풍이 뜨겁다. 괌은 비행기로 4시간 남짓이면 도착하는
미국령으로 현지 학교 스쿨링이 가능해 젊은 부모 사이에서 자녀 동반 한 달 살기 지역으로 인기가 많다.
45일간 무비자로 여행할 수 있고 ESTA 승인을 받으면 90일까지 여행이 가능해
방학을 틈타 어학연수와 휴양을 동시에 즐길 수 있기 때문. 시간상 한 달을 온전히 내기 어렵다면
반달 살기는 어떨까? 주 단위로 등록 가능한 영어 캠프와 스쿨링 프로그램도 많다.

추천 숙소

❶ 오션뷰 호텔 & 레지던스 Oceanview Hotel & Residences

호텔과 콘도미니엄 형태의 객실로 구분되는데 콘도형 레지던스 객실에는 침실 2개, 욕실 2개, 거실과 취사 시설이 갖춰진 주방이 있다. 위치가 바닷가 바로 앞은 아니지만 지대가 높아 전 객실에서 바다가 보이며, 부대시설로 작은 수영장이 있다. P.268

🚶 웨스틴 리조트 괌에서 도보 2분 📍 1433 Pale San Vitores Rd, Tumon
📞 671-646-2400 ₩ 월 400만 원~ 🏠 www.oceanviewhotelguam.com

❷ 알루팡 비치 타워 콘도 Alupang Beach Tower Condo

알루팡 비치 바로 앞에 위치해 전망이 훌륭하며 각종 해양 액티비티를 즐길 수 있는 알루팡 비치 클럽(Alupang Beach Club)이 있다. 객실은 2베드룸, 3베드룸 등으로 구분되며 객실에 주방 시설뿐 아니라 세탁 시설이 갖춰져 있어 한 달 살기에 적합하다.

🚶 괌 프리미어 아웃렛(GPO)에서 차로 3분 📍 999 S Marine Corps Dr, Tamuning
📞 671-649-4113 ₩ 월 250만 원~ 🏠 www.abtower.com

❸ 피아 리조트 호텔 Pia Resort Hotel

T갤러리아에서 가까우며 투몬 중심가와의 접근성이 좋다. 객실은 1베드룸, 2베드룸, 3베드룸으로 구분되어 있으며 취사시설을 갖추고 있어 장기 투숙에 적합하다. 야외 수영장과 피트니스 센터의 부대시설을 이용할 수 있다.

🚶 T갤러리아에서 도보 8분 📍 270 Chichirica St, Tumon 📞 671-649-5533
₩ 월 200만 원~ 🏠 www.piaresort.com

❹ 로열 오키드 괌 호텔 Royal Orchid Guam Hotel

퍼시픽 아일랜드 클럽(PIC) 맞은편에 위치해 투몬 비치와의 접근성이 좋고, K마트까지 도보 10분 이내로 이동 가능하며, 각종 투어 및 쇼핑몰 셔틀버스를 이용하기 편리하다. 부대시설로 작은 수영장과 피트니스 센터를 갖추고 있다. 레지던스형 호텔이 아니기 때문에 객실에 취사 시설은 없고 전자레인지만 있어 장기 투숙에 불편할 수도 있다. P.269

🚶 퍼시픽 아일랜드 클럽(PIC) 맞은편 📍 626 Pale San Vitores Rd, Tumon
📞 671-649-2000 ₩ 월 280만 원~ 🏠 www.royalorchidguam.com

❺ 알루팡 레지던스 게스트하우스 Alupang Residence

모든 객실은 침실과 거실로 구분되어 있으며 취사시설이 갖춰진 주방이 있어 장기 투숙객에게 적합하다. 방 한 개짜리 객실과 방 두 개짜리 객실이 있다. 투몬 시내에서는 거리가 있지만 도보 5분 거리에 페이레스 슈퍼마켓이 있어 편리하다.

🚶 리가 로얄 라구나 괌 리조트와 온워드 비치 리조트 사이 📍 Alupang Apartment Cuscaho Street, Tamuning 📞 070-7838-0167, 671-646-5793
₩ 월 250만 원~ 🏠 www.stayguam.co.kr

괌 한 달 살기 생활 Tip

- 괌의 물가 및 식비가 만만치 않기 때문에 숙소는 취사 가능한 곳이 좋다.
- 포장용 김치나 통조림 밑반찬 등은 한국에서 가져와도 되지만, 소고기가 함유된 식품은 반입이 금지되어 있으니 유의하자(라면 스프에도 소고기 성분이 함유되어 있어 원칙적으로는 반입 금지).
- K마트에는 과일, 야채, 육류 등 신선식품이 거의 없으니 장보기는 코스트유레스 P.158 및 한인 마트인 캘리포니아 마트 P.156를 이용하자.
- 옷은 조금만 가져오자. 어차피 쇼핑을 많이 하게 될 테고 이이들의 성부 스쿨링이나 캠프에 참가하면 대부분 교복을 입는다.
- 프라이팬을 하나 가져오면 훨씬 편리하다. 레지던스 호텔에서 제공하는 프라이팬은 코팅 상태가 썩 좋지 않아 계란 프라이 하나 하기도 힘든 지경이다.
- 한인 마트나 한인 교회에서 쉽게 구할 수 있는 한인 신문의 할인쿠폰을 적극 활용해보자.
- 많이 사용하는 양념류는 한 달 정도 쓸 양을 챙겨 오는 게 좋다. 현지에서도 쉽게 구입할 수 있지만 한 달 사용하기엔 양이 너무 많아 대부분 쓰다 버리게 된다.
- 우후죽순 늘어난 무허가 숙박 업체가 많다. 정식 허가 업체인지 확실히 확인한 후 예약하도록 하자.

추천 영어 스쿨링 & 캠프

괌은 아이들에게 유해한 환경이 거의 없고 범죄율도 낮은 편이다. 교육면에서는 미국 캘리포니아주 방식으로 수업이 진행되기 때문에 미국식 교육을 체험할 수 있으며, 다양한 액티비티를 즐길 수 있다는 게 장점. 아이와 함께하는 한 달 살기 기간 동안 스쿨링이나 캠프에 참여하는 것을 추천한다.

❶ 세인트 폴 크리스천 스쿨 St. Paul Christian School

1997년 괌에서 개교한 괌 최고의 명문 사립학교 중 하나이다. 괌에 주둔하는 미군 고위 장교의 자녀들이 많이 재학하고 있어 학생들의 학업수준이 높다. 영어 수업 이외에도 다양한 교과목 위주로 수업이 진행되며 한국 학생이 많은 편이다.

$ 1주 $300~ 🏠 www.spcsguam.org

❷ 세인트 존 스쿨 St. John's School

1962년 개교한 곳으로 현지 전문직 자녀들이 많이 다니며 명문대 진학률이 높은 사립학교로 유명하다. 한국 학생들이 가장 가고 싶어 하는 만큼 한국인 비율이 살짝 높을 수 있다는 점, 학비도 가장 비싼 편이라는 점은 참고하자. 오전에는 영어 공부, 오후에는 액티비티 위주로 수업이 진행된다.

$ 1주 $375 🏠 www.stjohnsguam.com

❸ 하비스트 크리스천 아카데미
Harvest Christian Academy

오전에는 수준 높은 학과 수업을, 오후에는 다양한 스포츠, 문화, 예술 관련 프로그램을 운영하는 기독교계 사립학교다. 교직원 대부분이 미국 본토에서 건너온 사람들이다. 스쿨링과 영어 캠프는 1주 과정부터 4주 과정까지 마련돼 있다.

$ 1주 $170~ 🏠 hcaguam.org

❹ 괌 대학교 어드벤처/스포츠 캠프
UOG Adventure/Sports Camp

괌 현지 아이들과 함께 어울리며 스포츠 활동 및 게임을 하는 프로그램이다. 자연스럽게 영어로 대화하고 친구를 사귀면서 다양한 스포츠를 배울 수 있다.

$ 1주 $250~ 🏠 www.uog.edu/professional-international-programs/adventuresportscamp

영어 스쿨링 & 캠프 Tip

스쿨링 학교마다 약간씩 차이가 있지만 보통은 5~8월 여름방학이 끝난 9월부터 이듬해 6월까지 현지 학기 중에 참여할 수 있다. 스쿨링의 목표는 우수한 미국식 교육을 체험하고 외국 학생들과 자연스럽게 어울리며 영어에 대한 자신감을 키우는 것이다. 스쿨링은 미국 교육 시스템과 문화를 이해하는 데에도 도움이 된다. 현지 아이들과 함께 사립학교 정규 수업을 듣는 것이기 때문에 영어 실력이 좋을수록 유리하다. 학교에 따라서는 적응 프로그램을 따로 마련해놓은 경우도 있으니 아이가 마음 편히 공부할 수 있는 곳을 찾아보자. 정규 수업 시간 외에는 여가시간에 액티비티를 즐기며 친구들과 추억을 만들고 영어로 대화할 기회를 얻을 수 있다. 다만 스쿨링을 하기 가장 좋은 한국의 겨울방학 기간엔 한국인 학생 수가 많을 수 있다는 점에 유의할 것.

캠프 미국 학교는 대체로 3개월가량 여름방학을 가지며, 그 기간 동안 여러 사설 기관이나 사립학교에서는 여름 캠프 프로그램을 운영한다. 공부 위주의 캠프보다는 오전 수업, 오후 스포츠 또는 액티비티로 짜여 있거나 스포츠 위주로 진행되는 캠프가 많다. 여름 캠프는 주 단위로 진행되는 경우가 많고 캠프에 참여하는 학생들이 자주 바뀌기 때문에 친구를 사귀는 것이 어려울 수도 있다. 한국의 여름방학 기간에 괌 한 달 살기를 한다면 여름 캠프 프로그램을 이용해야 한다.

INDEX

방문할 계획이거나 들렀던 여행 스폿에 ✅표시해보세요.

INDEX

방문할 계획이거나 들렀던 여행 스폿에 ☑표시해보세요.

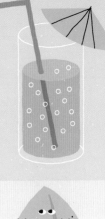
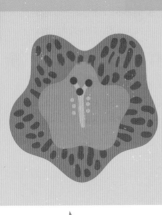